JN186203

私、山の猟師になりました。

一人前になるワザを
ベテラン猟師が教えます！

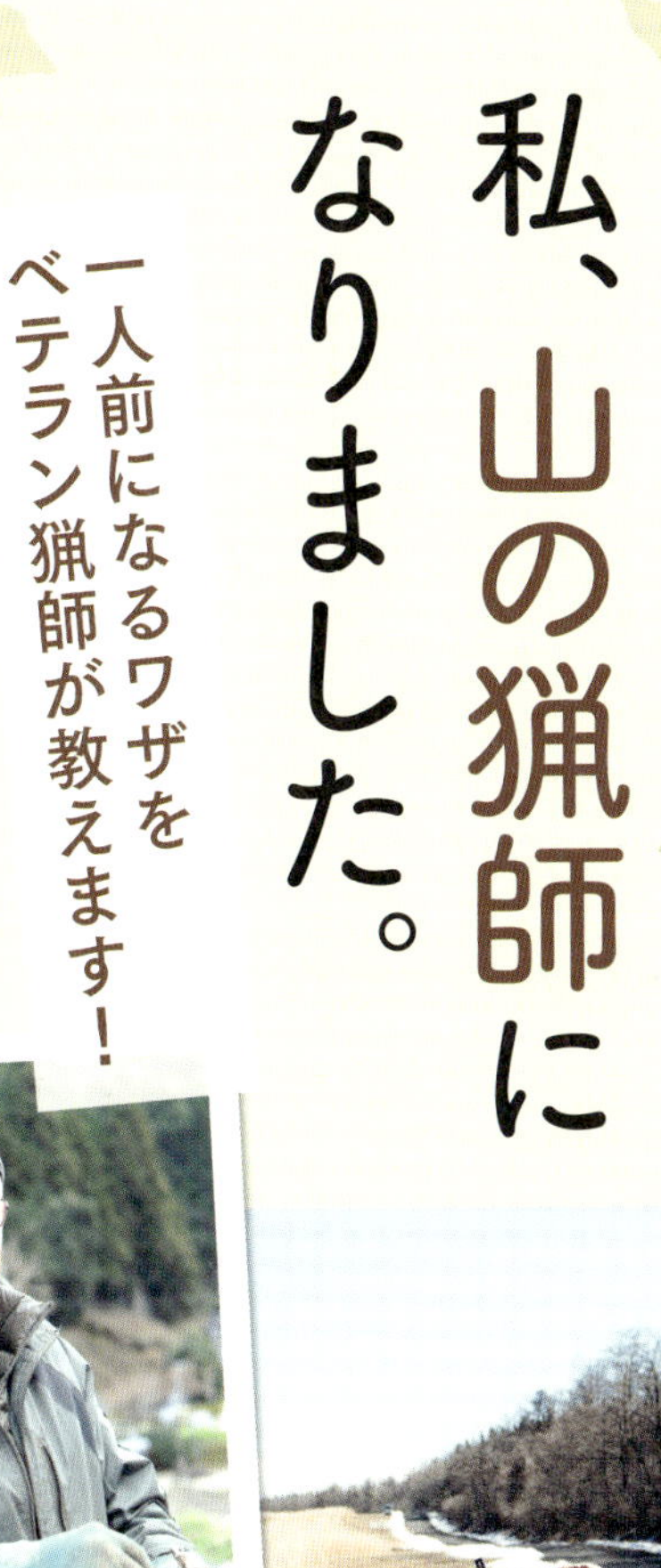

はじめに

農作物を食い荒らす、野生動物が増えている。彼らの暮らす森や山で、いったい何が起きているのだろう？　実際に現場で動物たちを捕まえている猟師に話を聞こう。そんな思いから取材を始めたのは、2015年の春のことでした。

当初、シカやイノシシというのは、「農地を荒らす迷惑な存在」だと思っていました。しかし、実際に現場を訪ねてみると、彼らの住処であるはずの山はもっと荒んでいたのです。背の届く範囲の葉も木の皮も、地面の草も根も、ことごとく食い尽くされている。まるで「木の墓場」のような山の斜面を疾走する、シカの群れにも会いました。

元来猟師というのは、山や森、そして動物が好きで、彼らの足跡から行動を読み取り捕獲して、その肉を家族や仲間と分け合うのを

楽しみとしていた人たちです。ところが、今はその数が多すぎて、捕獲してもやむなく埋設せざるをえない。そんな現実に心を傷めながら出猟している人が少なくありません。

もしかすると、本当に「迷惑な存在」なのは動物ではなく、身勝手な理由で山を荒らしてしまった人間なのかもしれない。だんだんそう考えるようになりました。

冬になり、いよいよ猟期がスタートしました。巻き狩りにも参加しなければ。はたしてこんな身体能力イマイチのおばさんライターに、猟師の取材が務まるのか!?　正直自信がありませんでした。

それでもなんとか取材を続けられたのは、出会った猟師の多くが40～50代で、自分と同世代だったこと。それぞれが実に魅力的な人間であること。東日本大震災以来、誰もが心の奥底で取り戻そうとしている「自然に対する畏敬の念と謙虚さ」を、ちゃんと持ち合わせた人たちだったから。いつしか夢中で「猟師（ハンター）をハント」するようになっていました。

けものの命と直接向き合う猟師には、それぞれに美学と哲学があります。新人猟師の西村舞さんは、けものの命を奪うたび、心の中で「ちゃんと肉にしてやるからな」と語りかけ、ベテラン猟師の足立善徳さんは、先人の「ちゃんと食べるか、金にしろ」という教えをずっと守り続けています。石巻の小野寺望さんは「一度殺したシカを、二度殺したくない」。世代やキャリアは違えど、それは一緒です。

いま、狩猟の世界に魅力を感じて、猟師を目指す若者が増えています。ジビエの料理や解体ワークショップに、真剣に取り組む女性の姿も数多く見られます。誰もが「シカ肉」「狩猟体験」、そんな言葉を手掛かりに、よりリアルな体験ができる場所や生き道を探している。まるで人の手が入らなくなった里山や森で、動物たちが命懸けで「こっちへ来い！」と叫んでいて、若者たちはなんとかしてそれに応えようとしている——私にはそんな風にすら見えるのです。

身近に猟師がいなくても、都会育ちの若者たちが、猟師になる道はあるのでしょうか？

本書には、出自も世代もふだんの仕事も異なる11人の猟師が登場します。国土の4分の3を山林が占める日本で、動物や自然と向き合いながら、最前線で「命の駆け引き」を続ける猟師は、単なる「獣害対策の捕獲要員」ではありません。いま日本の山で何が起きているのか、最もリアルに伝えられる人たちです。

その思いや声は、猟師を目指す人はもちろん、農山村や都市で暮らす人たちにも、響くはず。荒れた山林や、野生獣との関係を立て直すにはどうすればいいのか……彼らの生き様や言葉から読み取り、考え、動き出す一歩に役立てば、さいわいです。

三好かやの

目次
Contents

情報編

実例編
こんな狩猟をやってます

森とけものを守るのが本物の猟師だ

黒田利貴男さん（静岡県南伊豆町）
㈱森守 代表取締役

姿はなくても、ベテラン猟師には見えている

２０１５年の4月、猟師の黒田利貴男さん（51歳）と、南伊豆町の山を歩いた。木々の新芽が茂る時期にもかかわらず、大人の肩ぐらいの高さから下の葉が、すっかりなくなっている。

「これがディアライン（Deer Line＝鹿摂食線）です」

シカの背の届く範囲の葉がことごとく食べ尽くされている。山間のミカン畑では、木の葉のみならず、樹皮も剥がされ白い木肌がむき出しになり、まるでサルスベリのようだ。

「細い木は食われないけれど、ある程度太い木は、皮までみなシカに喰われてしまう。

MORI MORI
森守
Profile
1965年静岡県生まれ。少年時代から山に入り20歳で狩猟免許を取得。地元で農業や林業に携わりながら狩猟を続ける。地元猟友会のメンバーと有害駆除を続けるうちに、自ら「森と動物を守りたい」と2015年7月に㈱森守を設立した。

黒田利貴男さんは猟師歴30年のベテラン。
猟師の父親とともに小学生の頃から山に入り、一緒に猟をしてきた。

新芽が出ないから、否応なしに枯れていきます」

群れで行動するシカは、新芽がなくなると、地面の草や常緑の硬い葉を食べ、それもなくなると落ち葉を食べ、それも尽きると今度は木の皮や根を食べ出す。シカが食べ尽くした場所は、その後草が伸びず、退化してしまう。その跡にはなぜかカヤだけが残るという。こうして山が荒れていく。

それでも猟師と山を歩くのは興味深い。

「これがイノシシの足跡。蹴爪の跡があるからわかる。親子で歩いてる。次に足をついたのはここ。土手のところまで来て、体をこすってる。これは『か

イノシシが体をこすりつける
お気に入りの場所「からぬた」。

シカの食害の跡。樹皮が剥がされて
白い木肌がむき出しに。

らぬた』っていうやつだな」

イノシシが泥浴びしてダニや寄生虫を落とす水場を「ぬた場」というが、水がなくても体をこすりつけるお気に入りの「からぬた」が人家からそう遠くない場所にある。一般人はいわれなければ気づかないが、黒田さんはちょっとした土の窪みや木肌の傷から動物の痕跡を読み取る。姿は見えずとも、そこを歩いたけものの大きさ、歩幅、道筋がわかる。猟師の目には、我々に見えないものが見えているのだ。

「金持ちハンター」がやってくる

黒田さんが子どもだった昭和40年代。南伊豆にはたくさん猟師がいた。父も猟師だったので、小学校3年生の冬休みから、山へ行くようになった。

「ロールスロイス、BMW、ベンツにキャデラック……子どもの頃、全部乗ったなあ」

兵庫県の丹波篠山、岐阜県の郡上八幡、そして静岡県伊豆半島の天城山。この3カ所は日本の「三大猟場」と呼ばれ、良質な猪肉産地として知られている。かつて江戸幕府の直轄領だった天城山周辺は、昔から良質な木炭の産地で、その伝統は昭和になっても続いていた。15年周期で木を更新。山には炭材となるスダジイ、アカガシ、シロガシ、マテバシイ、ウバメガシなどが多く、ドングリも豊富。木の実が好物のイノシシにとって恰好の餌場なので、天城山の裾野に位置する南伊豆も猪肉が美味なことで有名だった。

一方、南伊豆には温泉旅館が多い。冬の猟期になると旅館の旦那衆は、家業そっちのけで猟ばかりしていた。そこへ都会から高級外車で「金持ちハンター」がやってくる。彼らは山を熟知した地元の猟師や旦那衆の案内で猟場へ。黒田少年もガイド役として駆り出された。その夜、宿泊先の旅館では盛大な宴会が開かれ、ぼたん鍋が振る舞われる。

「地元の猟師がハンターの立ち位置を決める。イノシシが出てきたところで、バン！ 仕留めた人は嬉しくて、ポーンと10万、20万。宿にご祝儀を置いてった」

狩猟といえば、猟銃で獲物を仕留める撃ち手が主役のイメージが強いが、集団で行う「巻き狩り」は、獲物の居場所を突き止める「見切り」と、犬と猟師の配置を決める「タツマ割」など、猟に至るまでの配置と段取りで大筋が決まる。ゆきずりのハンターにはそれは不可能で、長年山を歩き、動物たちの生態を熟知した地元の猟師が猟全体を仕切る。自分で撃ったつもりの「金持ちハンター」は、実は撃たせてもらっているのだ。ハンター自身もまたそれがわかっているから、祝儀を弾んでいたのだろう。

黒田さんの小学生時代、狩猟期のイノシシは1頭15～20万円で取引されていた。猟師グループの稼ぎは、1シーズンで500～600万円。それを10人で山分けに。高級外車に乗せてくれたのも、「ガイド料」の一部だった。

「当時からけものを獲ろう、獲ろうとしていたのは、猟師じゃなくてハンターなんだ」

消えたイノシシ、再び現る

中学2年生の時、イノシシが大量死した。原因は豚コレラ。山に獲物がいなくなったので、父のグループも出猟しなくなった。20歳になり猟銃所持の許可と狩猟免許を取得、猟犬も飼い始めた。当時は家業の稲作と原木シイタケの栽培を手伝いながら山へ。子ども時代、楽しかったイノシシ猟を思い出しながら、シイタケのほだ場に犬を放ち、飛び出たウサギを撃っていた。

「いつかイノシシは出てくる。足跡を見ればわかる」

そう思って、少年時代に歩いた山を半日かけて歩いた。それまで歩いたことのなかった山も4年かけて歩いた。再びイノシシが現れたのは25歳の時。それからどこでも見かけるようになった。ほどなくして、イノシシは里山へ下り、人間の生活圏を脅かすようになる。畑のイモ類、田んぼのコメを捕食。モグラやミミズも好物なので、土を掘り返し、時には段々畑に築いた石垣を崩すほど。中には栽培を断念した農家もいるという。

そして10年ほど前から、南伊豆では見られなかったシカが現れた。

「天城山を越えてきた。冬の狩猟期間中、メスの群れは鳥獣保護区内に留まってるからオスより個体数が多く、繁殖力も高い」

雑食のイノシシと違い、草食のシカはあらゆる草葉と木の

イノシシの足跡。「蹴爪の跡があるからわかる」と黒田さん。

狩猟の頼もしいパートナーはブルーティックハウンド。

皮、根を食べ尽くす。人間が栽培している柑橘類やブドウ等の果樹はもちろん、植林されたスギやヒノキの葉、木の下層に生えるアオキバ、サカキ、アクシバ、アオモジ、ガマズミなども好んで食べ尽くすので、森は再生不能に。イノシシよりも、さらに深刻な被害をもたらしている。

そんな現象は全国的に起きている。かつて静岡県で11月15日から翌年の2月15日までだった猟期は、11月1日から2月末日までに延長された。猟期以外でも被害が出ると、「有害鳥獣捕獲」として、捕獲することが認められている。

もともと猟師が狩猟をするのは、冬の間だけ。動物たちは脂が乗って食べごろで、森は木の葉が落ちて獲物を見つけやすい。雪が積もれば、足跡を手掛かりに追跡できるなど、人間に有利な条件が揃っている。しかし、野生獣による被害の増加により、猟期以外にも野生獣を捕獲しなければならなくなった。といっても被害を受けた農家や行政担当者自身が捕まえるのは難しい。必然的に猟友会に所属する猟師に出動要請がくる。

一人前になるには「見切り3年、勢子6年」

日本では、狩猟免許試験（第一種銃猟、第二種銃猟、わな猟、網猟）に合格し、銃刀法に基づいた講習と射撃の教習を受け、警察から銃の所持許可を受け、狩猟者登録を行え

ば、とりあえず出猟することはできる。しかし黒田さんは、

「昔から『見切り3年、勢子6年』。最初の3年は肉の分け前だって半分。鉄砲持ってるだけじゃ、猟師とはいえねえ」

とにかく最初の3年は、動物たちの足跡や痕跡から居場所を突き止める「見切り」が肝心。中でも重要なのは獣道の見極めで、遊びで使う通り道か、餌場へ行く道か、山を移動する際に使う道か、それとも逃げ道か。黒田さんの場合は、子どもの頃から山を歩き、目で覚え、身体で感じ、先輩猟師の話を聞いて、身につけてきた。

「急いでいる時は、爪先だけで歩くから土や落ち葉のへこみが深く、歩幅も広くなる。普通に歩く時は、爪と蹴爪、4本の跡がつくし、歩幅も短い。とにかく野生動物になりきって山を歩くこと。まともに見切りができるようになるには、猟期中毎日やっても3年。土日だけじゃ、何年やっても猟師にはなれないよ」

続いて「勢子」として経験を積んでいく。巻き狩りの際、けものを追い立て、猟銃を構えて待つ「タツマ」のいる地点まで追い込むのが役目だ。だから猟場の小さな谷や沢、巨木や岩の位置までも正確に覚えていなければできない。たとえば狙った獲物が、タツマとタツマの間をすり抜け、予想外の方向へ逃げたとする。そんな時は、猟犬の後を追いかけながら獲物の動きを読み、さっと先回りして自ら銃を放つ。縦横無尽に山を駆け回

る身体能力と、瞬時の判断力が要求される。

「結局、巻き狩りでタツマが撃つのは4割。あとの6割は勢子が撃ってるんだから。勢子はそこまでできねえとダメさ」

一人前の猟師になるには、猟期中、毎日山へ通っても、結局10年近くかかる。黒田さんは猟師になって30年。南伊豆では4番目に若く、それでいて最も経験豊富な猟師として活躍するようになった。

増える罠猟。見殺しのケースも

猟期が終わっても、南伊豆の猟師は、「有害鳥獣捕獲」に駆り出される。この時期は「箱罠」と「くくり罠」を使う。箱罠は大きくて山の中へ運び込むのが難しいため、田んぼや畑近くの山際に設置する。中に餌を入れておき、けものが誘い込まれて入ったところで「ガシャン！」とゲートが閉まる仕組みだ。

くくり罠は野生動物の足をワイヤーで絡め取る。軽量で持ち運びも楽なので、山の中に複数設置するケースが多い。ただ、捕らえるのは4本足のうち1本だけなので、捕まった動物自身の可動域が広い。かかった獲物を仕留めるには、相手を固定して「対決」しなければならない。イノシシは、山から山へ移動する通り道にかけると捕獲率が高い。

シカは足跡をよく見て、頻繁に通る獣道を見極めて仕掛ける。いずれも普段からの山の観察が欠かせない。

黒田さんは、罠を仕掛けたら、毎朝必ず見回る。かかっていたら猟銃ではなく、槍で心臓をひと突き。特にくくり罠にかかったイノシシは、牙をむいてこちらへ向かってくるので、手強い。ワイヤーで作った輪っかを噛ませ、鼻面を縛ってから、別の足を固定して仕留める。その場で放血して内臓を出す場合と、作業場へ運んで出す場合がある。捕まえたら即座に処理するのが鉄則。食肉としての価値を落とさぬように解体するのも猟師の仕事だ。

野生動物による被害が増えたことで、猟師とは別に罠猟の免許を取得する人が増えているし、行政もまたそれを推奨している。自宅や畑近くに罠を仕掛けるのはいい。ところがそこに大きな獲物がかかっても、自力で命を絶つ「止め刺し」ができない人が多い。慣れない人が野生獣と対決するのは危険なので、猟銃を所持している猟師を呼ぶ。だが、猟師もそれぞれ仕事を持っているので、すぐには行けない。

「間違って大きいイノシシがかかっても、止め刺しができねえ。そうなるとみんな見殺し。死ぬまで待ってるしかない」

黒田さんは地元で有害鳥獣捕獲の指導にも当たっている。そのたびに「罠免許を取っ

て、けものを捕まえるだけではダメ。ちゃんと止め刺しができる人間を育てなければ」と訴えている。それができるようになるには、「猟期中、毎日やって3年」かかるが、行政担当者はその間に異動してしまう。「本物の猟師」は、なかなか育たないままだ。

一頭ずつ、山のけものと向き合って

そんな黒田さんに聞いてみた。「イノシシと対決するのは、怖くないですか？」

同じ野生獣でも、シカとイノシシでは相手としての「格」が違う。とくに鋭い牙をもつオスは手強くて、巻き狩りの最中に大事な猟犬の腹が破られることもあるほど。そんなイノシシと真っ向勝負する時、猟師はどんな心持ちなのだろう？

「怖いと思ったことはない。それに野生獣にはわかる。自分の命が取られるって」

くくり罠にかかったイノシシを前にして、黒田さんはいきなり「とどめ」を刺すことはない。最初はジタバタしたり、「カッカッカッ」と牙を研いで威嚇する大物もいる。だけど足を縛られ、轡をはめられ、身動きが取れない。そんなイノシシを前に、黒田さんは座ってタバコに火をつけ、じーっと相手の目を見る。

「小さいヤツほど臆病だから、話しかけたりして、落ち着くまでタバコ2本ぐらい吸う。こいつに殺されたくないと思えば暴れるけど、じきに静かーになるもんだ」

ジタバタ暴れるうちは殺さない。対話しながら相手が落ち着くのを待ち、観念したと思ったらそこで刺す。猟師の止め刺しには、そんな流儀がある。

ところが有害鳥獣捕獲には、そんな流儀が通じない場面もある。県営牧場にシカが大量発生。牛のために育てた牧草がことごとく食べられてしまった。黒田さんが所属する賀茂猟友会に、これを「駆除せよ」との要請がきた。

日中シカを牧場へ誘い込み、夜中にゲートを閉める。そこへ猟銃を持った猟師たちがやってきて、飛び跳ねるシカを次々と撃つ。一度に170頭のシカが捕獲された。シカを荷台に乗せたトラックが走る様は、華奢な足が何本も天に突き出て「まるで大きなイガグリのよう」だったという。

一頭一頭とじっくり対峙しながら猟を続けてきた黒田さんにとって、こんなやり方は決してフェアじゃないし、心が傷む。それでもシカの食害が続く限り、その命を奪う行為を猟師に委ねるしかない。それが今の日本における山の実情だ。それでも、ただ殺して数を減らすことだけが獣害対策ではない。

たとえば自分の農地を守るために畑を柵で囲う人がいる。でもその柵の外側の柿や栗の木を放置しておくと、落ちた実を食べにシカやイノシシがやってきて味をしめる。また、食べきれなかった野菜を柵の外へ捨てるのは、動物たちに餌を撒いているのと同じ。

人間が無意識に「餌付け」したために起きる被害も少なくない。

「人間が餌付けしたこと。人間が山に関わらなくなったこと。そこをもう一度反省して〝害獣〟と呼ばれる動物と向き合わなければ、問題はいつまでたっても解決しない」

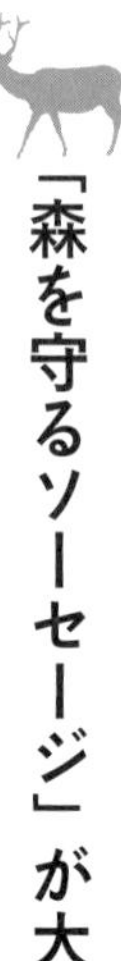

「森を守るソーセージ」が大人気！

そんな黒田さんは、2015年7月、会社を立ち上げた。その名は㈱森守(もりもり)。森を守る猟師の会社だ。狩猟や有害鳥獣捕獲で命を奪われる動物たちの中で、食肉として「活かされて」いるのは、全体の2割に満たず、それ以外は焼却または埋設されている。黒田さんは、そんな現実をなんとか変えようと、自ら加工場を立ち上げたのだ。

菜の花が咲き誇る翌年の3月、現地を訪れた。入り口にはシカのスカル（骸骨）が並んでいて、野生獣専用の加工場がある。この日も「どうしても自分で止め刺しできない」人が、知人にとどめを刺してもらい、2人がかりでメスのシカを運んできた。

ここへイノシシやシカを搬入している狩猟者は、現在60名。事前に黒田さんによる講習を受けた狩猟者に限られている。これまで約100頭が持ち込まれたが、大部分が罠で捕らえられたものだった。

有害捕獲の場合は、行政から1頭1万円の補助金が出るが、守森ではそれとは別に体重に応じて料金を設定し、シカとイノシシ（猟期中はシカの3倍の価格）を買い上げている。搬入者の一人はいう。

「今までは1時間近くかけて穴を掘って、シカを埋めていました。こうして引き取って、肉を販売してもらえるのはありがたい。森守ができてよかった。みんな喜んでいます」

搬入されたシカとイノシシは、2人の従業員が解体して、ロース、バラ、モモ、カタ

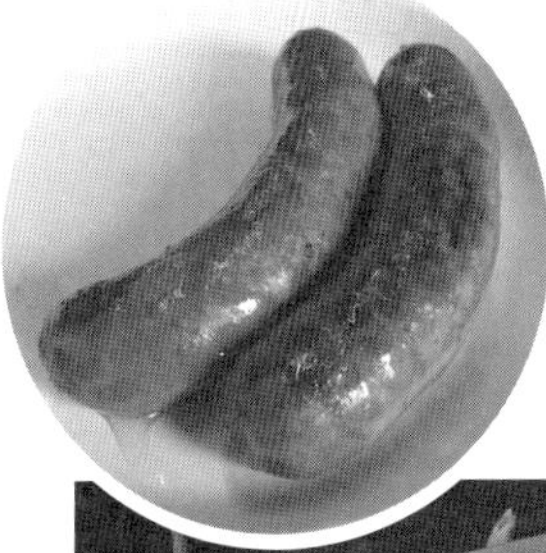

シカ肉を加工した「森を守るソーセージ」は森守の大ヒット商品。

2015年に（株）森守を創業。
野生獣専用の加工場があり、登録狩猟者が持ち込んだシカやイノシシを食肉として活用している。

等、部位ごとに販売している。中でも人気が高いのは「森を守るソーセージ」だ。

　このソーセージが生まれた背景には、黒田さんと3人の若者たちの出会いがあった。東京で「アースデーマーケット」を主催する冨山普さん、料理人の新納平太さん、神奈川県平塚市で無添加ハム・ソーセージを製造している「湘南ぴゅあ」の平井三郎さん。もともと親交のあった3人は、南伊豆町の有機農家、石川憲一さんを通じて黒田さんと知り合った。2人の話を聞くにつけ、「何かできることはないか」と話し合い、誕生したのがシカ肉のソーセージだった。

　平井さんが考案したレシピの材料は、シカ肉のミンチ、塩、香辛料、豚の脂肪のみ。子どもからお年寄りまで食べやすく、都内のイベント等で販売すると、1日500本以上売れる日もあるほど人気が高い。

　今、山で起きている問題は、都会で暮らす人たちにも決して無縁ではない。森守のソーセージは、森の動物たちと猟師の思いを伝える架け橋になっている。

オリーブを植えて人と動物たちの緩衝地帯に

　シカの解体も一段落したところで、焚き火に当たりながら黒田さんと話した。

「体の調子はどうですか？」

「医者に強い薬を勧められたけど、『ちょっと考えます』って言っといた」

実は自己免疫が低下する膠原病を発症。医者には「過激な運動は避けて」「日光に当たらないように」と言われているが、屋内にじっとしていられる性分ではない。野生動物と同時に自分の体調とも向き合いながら、森守を立ち上げ、休みなしで乗務をこなし、取材や視察にも対応する。ずっとここでシカを獲り、解体し続けるのだろうか?

「あと10年経てば、おそらく適正な数になって、この施設も必要なくなる。その間に狩猟者がどれだけ減るかもまだ未知数。けものを獲ることよりも、人里へ寄せ付けない対策を強化しなければ」

そのひとつとして、民間企業の協力を得て、山間部の耕作放棄地を切り開き、オリーブを植栽。人間と動物たちの緩衝地帯を作るのだ。

狩猟の「狩」という文字は、「けものを守る」と書く。猟銃を背にして山を駆け回り、動物と向き合い、命を奪うのも猟師。そして動物と人間、植物の生態を熟知して、身をもって森と動物たちを守るのもまた猟師――黒田さんにそう教えられた。

オリーブの苗木を植えて人間と野生動物の緩衝地帯に。

File 02

若手猟師が少ない今こそ、チャンスだ！

原田祐介さん（埼玉県飯能市）
㈱プロット専務取締役「猟師工房」代表

捕らえても、とどめを刺せない農家をサポート

２０１５年12月下旬の朝8時。埼玉県飯能市「猟師工房」近くの西武池袋線武蔵横手駅で、猟師の原田祐介さん（43歳）と待ち合わせていた。

この日は、工房周辺の猟場を見せていただく予定だったのだが、ブルーの軽トラに乗って現れた途端、

「秩父の農家でシカが罠にかかった。これから引き取りに行かなくっちゃあ」

急遽、秩父の山里を目指すことになった。

原田さんらが猟場としている飯能市周辺の森林は、江戸時代から「西川材」の産地とし

て知られている。江戸に最も近い木材の産地で、かつて江戸城の本丸を築いたのも、明暦の大火で焼失した家々を建て直したのも、この一帯の木材だった。

昭和30年代、燃料が石油、ガスへ転換したことで、薪炭の需要が低下。その一方で、高度経済成長のもと建築ラッシュが起きたため、昭和31年（1956年）から薪炭林用の天然林から、スギ、ヒノキ、カラマツなどの人工林へ転換する「拡大造林」が進められた。

ところが昭和50年代に入ると、安価な外材の輸入に押されて、国産材の需要は激減。木々は樹齢50年以上が経過しても取り残されたままとなり、山は荒れ、イノシシやシカが増加。農作物への被害も増えている。長い間人の手が入らず、荒れた山林を横目に、車で40分ほど西へ走り、秩父の山の畑にたどり着いた。

そこには、くくり罠で捕獲されたシカが、瀕死で横たわっていた。見れば頭を竹の棒で何度も殴られたらしく、口から血の色の泡を吹いている。だが、まだ息がある。

「8、9、10、11月と罠にかかって、これまで4頭。これで5頭目だ」

捕獲した農家の男性は60代。農作物の被害に悩んでいて、一昨年くくり罠の免許を取得。春から有害鳥獣捕獲にも参加している。シカの通り道を読むのが得意で、罠を仕掛ければ月に1頭の割合でかかるのだが、なかなかとどめが刺せず、困っていた。

そんな折、国道299号線沿いの「猟師工房」の看板を発見。捕らえたシカを持ち込ん

を設立し、野生獣の捕獲・調査のほか、狩猟イベントやワークショップも主催。

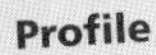

Profile

1972年埼玉県生まれ。アパレル会社勤務の後、友人と3人で㈱プロットを立ち上げる。2015年3月「猟師工房」を設立。野生獣の捕獲、調査、商品化、イベント等、狩猟を軸に多角的なビジネスを展開中。

（左から2人目から右へ）原田祐介さん、石川道一さん、資延浩二さん。2015年「猟師工房」

害獣駆除のため、農家がくくり罠で捕獲したシカを引き取る。
この日とどめを刺したのは猟師見習いの日和武さん（右）だ。

だのが、原田さんとの出会いだった。

捕まったシカの頭に目をやると、まだ枝分かれしていない、般若のような細い角が生えている。

「これは1歳のオス。今年の春生まれて、母親のいるメスの集団から離れる巣立ちの時期なんです。経験が浅くて、1頭でウロウロ食物を探すうちに、罠にかかるヤツが多い」

と、原田さん。その横には、この時まだ学生の猟師見習いで、翌春「猟師工房」への就職が決まっている日和武（ひよりたける）さん（23歳）も同行していた。

「日和、お前やってみろ」

「はい……」

ナイフを手渡された見習いは、ため

らうことなく頚動脈を一刺し。シカは静かに事切れた。

狩猟の魅力を教えてくれた犬種「プロットハウンド」を社名に

丸顔で、いつもニコニコ陽気な原田さんは、埼玉県狭山市出身。以前は、イタリア製の洋服を販売するアパレル会社に勤めていた。

狩猟を始めたのは10年前。友人で建設会社社長の石川道一（のりかず）さん（44歳）が趣味で狩猟を始めたので、猟犬の訓練に付き合うようになった。山の中を吠えながら走る犬の後をついていくと、その先に真っ黒いツキノワグマの姿があった。訓練中にその臭いをキャッチして、追跡したのだ。

「犬ってすごい！　これは面白そうだ。早速、狩猟免許を取りました」

地元の猟友会にも所属し、ベテラン猟師が仕切る巻き狩りにも参加。何度も山へ通ううち、荒れた山にシカやイノシシが増えていて、有害捕獲で捕らえたシカやイノシシは自家消費しきれず、埋設や焼却処分されていくこと、捕獲や解体処理のサポートを必要としている人が多いこともわかってきた。

「本気で取り組めば、これはきっとビジネスになる」

そこで原田さんは、２０１０年、石川さんや狩猟仲間の資延浩二（すけのぶこうじ）さん（40歳）と「獣との共生を考える狩猟集団」として㈱プロットを設立。狩猟の魅力を教えてくれた、犬種「プロットハウンド」が名前の由来だ。

その後、原田さんはアパレル会社を退職して、地元の林業関連会社へ転職。山へ分け入り、チェーンソーを手に木を伐採したり、策道を張る「山師」として働くようになる。

道なき道をかき分けて、傾斜のある場所で行う作業は、いつも危険と背中合わせ。山で経験を重ねながら猟場へ通い「食える猟師」を目指した。

猟をリードするのは〝スパルタ教育〟を受けた猟犬たち

「巻き狩りで一番大事なのは、犬なんです。彼らは賢いから、人間の10～20m先までモノを連れてきてくれる」

「モノ」＝獲物を意味する。猟犬は普通の飼い犬とは違い、毎日の散歩はしない。その代わり、子犬のうちに車に載せて山へ連れていくのだという。

夜の林道に犬だけを残し、車を走らせる。すると、まわりは暗くて怖いので、「待って！」といわんばかりに必死で追いかけてくる。そのまま全力で20㎞ぐらいマラソンさせるのだ。

「そうやって小さいうちから走らせると、心臓が強くなる。俗にこれを『エンジンがデカ

社名の「プロット」は犬種名の
「プロットハウンド」から命名。
ハードな仕事をこなす猟犬たちに
惜しみなく愛情を注ぐ。

7頭いる猟犬の中で最も能力の高い
エースの「カイ」(6歳・オス)。
見よ、この引き締まったボディ!

くなる』というんです。夜の林道を走るのは怖いから、精神的にも鍛えられる」

プロットハウンドは、アメリカで育成されたセットハウンドタイプ(嗅覚で獲物を追跡する)の猟犬だ。

猟師と訓練を積んで、「デカいエンジン」を搭載した猟犬は、獲物をどこまでも粘り強く追い続ける体力と、自分より身体の大きな獲物に対しても、勇猛果敢に挑む強さを兼ね備えていく。

現在、原田さんたちが飼育している猟犬は7頭。春に子犬が生まれて14頭に。それぞれに能力や個性は違っているが、最も猟犬としての能力が高く「エース」と呼ばれているのが、「カイ」(6歳・オス)だ。

カイは、毎日「五升炊きの炊飯釜一杯分」

のドッグフードやシカ肉の煮込みをペロリと平らげ、散歩はしていないのに、贅肉のまったくない引き締まったボディに、精悍な顔つきをしている。猟犬にとって、狩猟がいかに消耗の激しいスポーツかを物語っている。

一般参加の狩猟イベント&ワークショップを主催

犬と一緒に経験を重ねて、2015年3月、飯能市の国道沿いの倉庫をリノベーションし、活動と販売拠点の「猟師工房」を設立した。

その店内は、実にユニークだ。天井から吊り下げられた木製のブランコが揺れていて、まるで「ワイルドなカフェ」のよう。壁にはおびただしい数のシカの角をディスプレイ。頭蓋骨のハンティングトロフィーや剥製も並ぶ。

工房では、シカ肉を加工したドッグフードや缶詰も販売。肉、角、骨、皮……使える部位はとことん利用して商品化する。だが、「猟師工房」の活動はそれだけではない。一般人も参加できる様々なイベントやワークショップも行っている。

その内容は、猟師たちが毎日行っている罠の見回りに同行し、獣道の見つけ方や罠の設置、場合によっては獲物も見られる「リアルクエスト」、巻き狩りに同行する「一日狩猟体験」、シカの解体技術を学んだ後、参加者が食す「解体&ジビエBBQ」、独身男女

「猟師工房」の壁にはシカの角がずらりとディスプレイされ、
実にワイルドな雰囲気だ。

店内ではシカの干し肉や、肉を加工した缶詰、ドッグフードなども販売(写真左)。
写真右はシカの干し肉を作る機械。

地元の高校生を迎えて「いのちの授業」。
生徒たちは自らナイフを手にしてイノシシをさばく。

に限り参加可能な「シカの解体合コン」、原田さんの指導による「ハンティングトロフィー(スカル)作り」や「くくり罠作り」など多岐に渡っていて、都会の若者たちの注目を集めている。

2016年の5月15日、久しぶりに工房を訪れると、入り口に大きなイノシシが吊り下げられていた。

「シカの予定だったんだけど、昨日罠にイノシシがかかっちゃって」

と、スタッフの資延さん。3~4歳のメスで70kgはあるという。この日は地元・飯能高校の生徒12人が集まっていた。これから生徒たちと「いのちの授業」を行うのだ。前日にこのイノシシをくくり罠で捕らえた資延さんが、生徒たちに語りかける。

「捕らえた罠のワイヤーを見てください。最後の最後まで足を掻き続けた痕なんです。罠にかかるとモノは必死で暴れるんですね。死ぬ直前まで、本当に生きるってことを諦めずに暴れる。今日はみんなにバラしてもらって、この命を無駄にせず、糧にしてほしいと思います」

参加したのは、みなティーンエイジャー。資延さんの指示を受けながら、ナイフを手にして皮を剥ぎ、骨を抜き、肉をカットしていく。

中にはイノシシの脂まみれになって、夢中で格闘している男子も。途中で投げ出す子は一人もいない。解体を終えると、炭火でバーベキュー。自ら解体した野生獣の肉が、確実にみんなの「糧」になっていた。

新卒・若手も活躍できる「平成の専業猟師」

2016年4月14日、㈱プロットは埼玉県では第1号となる「認定鳥獣捕獲等事業者」に認定された。現在スタッフは8名。創設メンバー3人に加え、若手の新井亮介さん(27歳)、そしてこの春、高等専門学校を卒業した日和武さんも加わった。

日和さんはもともと長崎県出身で、地元の高専を卒業して狩猟の技を生かせる職場を探していたが見つからず、どんどん北上するうちに埼玉の猟師工房へたどり着いたとい

原田さん（右端）と「猟師工房」の若手スタッフ。
左から、資延浩二さん、新井亮介さん、新卒の日和武さん。

う。今の日本では、超貴重な新卒の「専業猟師」なのだ。

さらに、林業部門を立ち上げ、新たに3名のスタッフも加入。「林業と狩猟は密接に関わっているから、自然な流れ」という。

そしていよいよ、2016年9月から「狩猟学校」を開校。巻き狩り、罠猟、忍び猟の狩猟技術、販売可能な食肉解体技術や、猟犬の育成・訓練など、「21世紀の猟師ビジネス」に必要な技を、半年かけて合計58日間で習得する。

これまで日本では「猟師一本で食べていくのは難しい」と言われてきた。しかし、ひとたび猟師のスキルを身につけ、農山村と都市住民、双方に目を向けて、それぞれに役立つ道を広げていけば、多面的なビジネスを展開できると原田さんは確信している。

「若い猟師が少ない今こそ、チャンスがある。うちはサラリーマン並みの給料と、福利厚生もきっちり。だんだん会社らしくなってきたよ」

愉快で頼もしい「平成の専業猟師」たち。飯能の山の麓の「猟師工房」では、今日も「ガハハハ！」と豪快な笑い声が響いている。

猟犬と巻き狩りに出猟。犬たちはみな子犬の頃から訓練を積んだエキスパートだ。

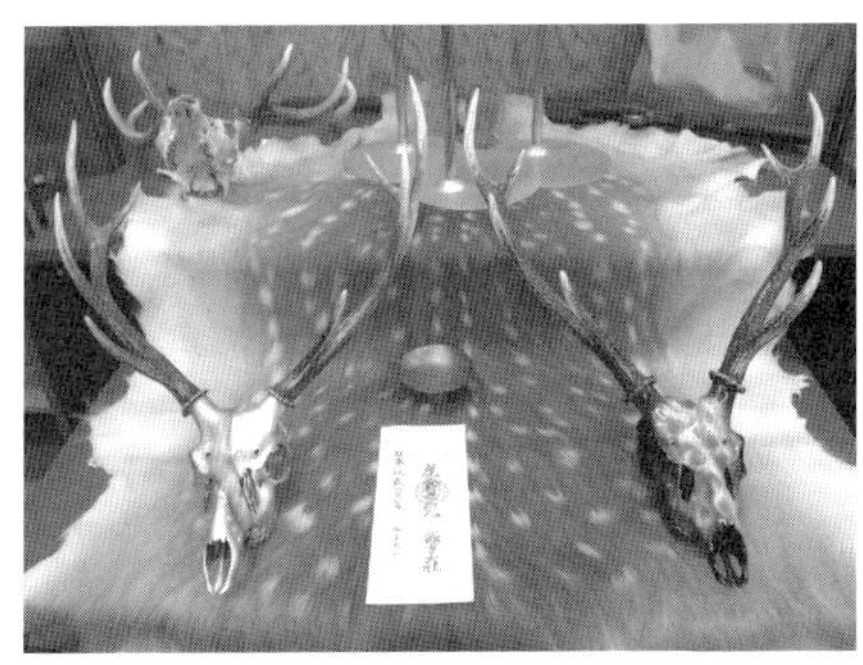
工房内の神棚にはシカの角と頭蓋骨が祀られている。

File 03

狩猟者は、農家の大事なパートナーです

虎谷(とらたに) 健(たけし)さん(東京都町田市)
狩猟者養成塾「ぴよっこクラブ」主宰

山間のミカン園で狩猟の〝入り口〟を体験

「もともと僕は、自然保護派で動物愛護派なんです」

初めて会った時、通称「虎さん」こと、虎谷健さん(50歳)はそう言った。東京の町田市在住で、10年ほど前に狩猟免許を取得。猟銃を所持して丹沢の山に通い、狩猟を行っている。彼は自分のことを「猟師」ではなく、「狩猟者」と呼ぶ。

「猟師という言葉は、狩猟を行う者にとって特別な存在です。伝統を背負っていない僕たちが、それを名乗ることに、どうしても引け目を感じてしまう」

たしかに伊豆の猟師、黒田利貴男さん(10ページ参照)も、「猟師とハンターは別もの」

Profile
1965年東京都生まれ。北里大学水産学部卒。「大地を守る会」へ入社。生産者との交流を深めるうちに、狩猟を始める。2011年退職。狩猟者となり鳥獣捕獲管理を行いながら、狩猟体験や「野生肉を味わう会」を開催している。

新米ハンターを対象に「鳥猟体験プログラム」を主催する虎谷健さん。
手にしているパチンコは、サルの追い払い用。

と言っていた。その山で生まれ育ち、山を歩き、地形や植生を熟知して、野生獣と対峙する。そんな伝統を代々受け継いできた人たちと同じように、自分が「猟師」と名乗るわけにはいかない。それが虎さんのスタンスなのだ。

そんな虎さんが、狩猟の経験と技を活かして、都市住民や新人ハンターを対象に行っているイベントやワークショップは、実にユニークだ。

２０１６年１月６日、虎さん主催の「鳥猟体験プログラム　グッドハンティング！」に参加した。会場となるのは、神奈川県伊勢原市の山間にあるミカン畑。そこは栽培と観光農園の両方を営むミカン園で、すでに温州ミカンの収穫は年内に終わっていたため、園内に人気はなかった。

虎さんは園主の許可を得て、ここで空気銃（エアライフル）を使用した鳥猟を実施している。空気銃とは、火薬ではなく、空気や不燃ガスを用いて弾丸を発射する形式の銃の総称で、比較的射程距離の短い鳥撃ちや小動物の捕獲に用いられる。

第一種銃猟免許を取得すると、散弾銃と空気銃、10年以上の経験があればライフル銃の使用が認められるのに対し、第二種銃猟免許は空気銃のみ。初めて猟銃を手にする人や、単独で鳥撃ちをする人は、まずこの空気銃を手にすることが多い。

この日の参加者は、「狩猟に関心はあるけれど、何から始めればよいのかわからない」一般人3名と、ポンプ式の空気銃「エースハンター」を携えた新米ハンターの加島勝さん（59歳）。それに虎さんを加えた5名が集合、ミカン園の散策からスタートした。

木になっているのは、果実の大きな晩柑類。よく見ると、丸くて小さな穴の開いている果実がある。

「これがヒヨドリの食害です」

穴はヒヨドリがついばんだ痕跡で、その実が商品にならないだけでなく、つついた実が落下すると、それにつられて山からイノシシがやってくる。イノシシは落ちた実を食べるだけでは飽き足らず、木に寄りかかったり、突進して体当たりを食らわせて、木ごと倒してしまう。そんな被害に悩まされている果樹農家は少なくない。

一方、都市近郊には狩猟に関心を持って猟銃を所持したけれど、撃つ場所がない。そんな初心者も増えている。両者の事情を察した虎さんは、ミカン園の園主に、「獣害はイノシシが来る前に対策が必要です。ヒヨドリの段階から対処しなければ」と説明して、狩猟の現場として利用する許可を得たのだ。

鳥猟は撃つよりも、待ち時間が長い

一行は、傾斜地に植えられたミカンの木の間を縫って、声を潜め、できるだけ「気配」を消して虎さんの後をついて進んでいく。虎さんは、ヒヨドリがとまっている木を見つけると、静かにスタンバイ。狙いを定めてプレチャージ式の空気銃「ＦＸサイクロン」を構えた。

パスン！　乾いた音が響く。まわりの鳥たちが一斉に飛び立つ。

「外れた」

気をとり直して再び歩き出し、次の獲物を探す。狩猟というのは猟銃を構えるよりも、獲物を探す時間と、じーっと息を潜めて木陰に隠れ、待機している時間の方が長い。園内には様々な鳥が生息しているが、捕獲できるのは鳥獣保護法に定められた28種の鳥類

プレチャージ式の空気銃「FXサイクロン」を構えて「パスン！」。
発砲音の静かな空気銃は射程距離の短い鳥撃ちに適している。

に限られている。ヒヨドリとムクドリは可能だが、ツグミは対象外。キジバトは可能だが、ドバトはNG。姿かたちはそっくりなのに、撃てない鳥も多い。

空気銃には小さなキノコのような形をした弾が込められていて、飛距離は約50m。野外で撃つと風に流されてしまうので、実際に獲物に届く距離は30mが限界だという。

イノシシやシカなどの「大物猟」に使われる散弾銃やライフルの方が、飛距離は長く威力も大きいのだが、火薬入りの弾丸を使用するため、発砲時の破裂音が格段に大きい。

「ダーン！と撃ったら、一斉に逃げてしまう。空気銃は音が小さいので、じっと待っていれば、次の群れが現れます」

しばらく待っていると、木立にヒヨドリの群れがやってきた。でも、撃たない。

「命中して、ヒヨドリが落下しても、あそこは下の藪が深くて回収できません。そういう場所では、最初から撃たないのです」

捕獲した獲物は確実に回収する。それもまた猟の鉄則なのだ。

有機栽培農家の支援から、狩猟の道へ

虎さんは、5年前までオーガニック食材の仕入れと販売を手がける「大地を守る会」で働いた経歴をもつ。仕事を通じて有機栽培で作物を作る農家との付き合いも多かった。農薬や化学肥料に頼らず作物を作る生産者は、ドリフト（散布した農薬が目的外の作物に付着すること）を避けるために、人里離れた場所で作物を栽培するケースが多い。そんな場所には、シカやイノシシが現れるのも早い。畑の作物を荒らし、農家を悩ます光景をリアルに見聞きしていた。

山里の農家には、銃を所持して狩猟を行い、冬のタンパク源として活用している人がいて、「虎ちゃんも銃を持つといいよ」とアドバイス。狩猟のいろはを教えてくれた。そうして銃を購入した銃砲店で、丹沢周辺で狩猟を行っているチームを紹介され、メンバーに加わった。

もともとアウトドアスポーツが大好きで、自然も動物も大好きな虎さん。地元の猟師とともに山を歩きながら、その荒廃ぶりを見るにつけ、「日本の山を守るには、狩猟という手段が必要だ」と考えるようになった。

1970年代、日本には約55万人の猟師が存在していたが、2010年には半分以下の約20万人。大部分が60歳以上で高齢化が進み、5年後に現場で活躍できる猟師は5万人以下になるといわれている。

その一方で、「狩猟に関心はあるけれど、猟銃の所持申請をする前に一度体験してみたい」若者や、同行した加島さんのように、「空気銃を所持したけれど、なかなか練習する場所と機会がない」人も少なくない。中には、せっかく免許を取って、猟銃も所持したのに、「1羽も獲れないからもうやめる」人もいるという。

そこで虎さんは、狩猟者養成塾「ぴよっこクラブ」を主宰。ぴよぴよとまだ飛べないヒナ鳥のような狩猟者がミカン園に集まって、鳥猟を学ぶのだ。メンバーの加島さん（前出）は、「我々のような新米には、得難い機会です」と話す。

この日は何度かチャンスがあったが、結局ヒヨドリは捕まらなかった。

「今日は、ヒヨドリの勝ちですね」

ヒヨドリの行動を読んで、じっと待機して、一瞬のチャンスを待つ。その勝負に我々

鳥猟体験のランチタイムは
虎さんがシェフに早変わり。
この日はシカ肉のカレーがふるまれた。美味！

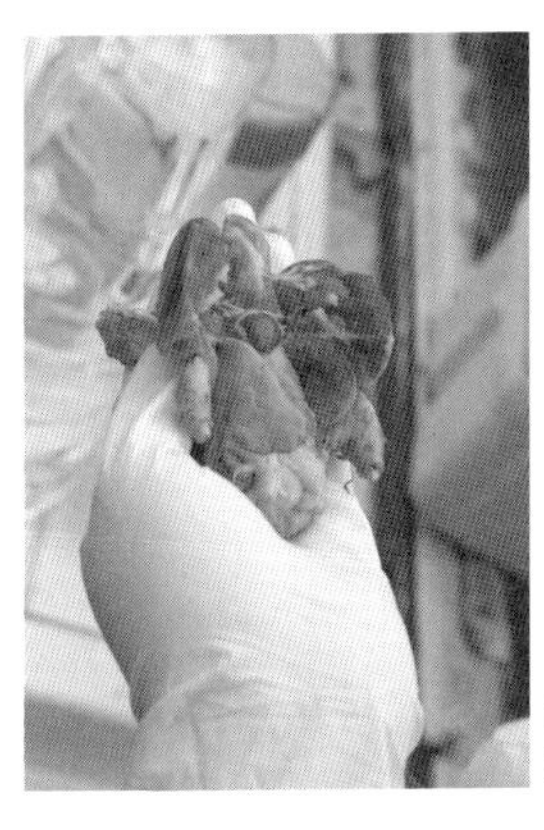
仕留めたヒヨドリは羽毛を抜き、
ローストして食す。

が負けただけ。獲れても獲れなくても、その駆け引きと緊張感を体感できた。

シカ肉の魅力を広めたい

ちょうど昼時になり、虎さんは白い軽自動車の荷台を開けて、中から3日前に仕留めたヒヨドリを取り出した。体長30㎝ほどの鳥だ。

「これからヒヨドリの解体と料理をします」

手袋をはめて羽毛を抜くと、真っ赤な胸肉が現れる。翼や脚を切り取ると手のひらにすっぽり収まる大きさだ。手のひらに乗せて、ナイフの先で胸を開け、小さな内臓を抜き取る。表面に残った羽毛はバーナーで焼き切って、胸とモモ肉、小さな砂嚢も取り出し、塩コショウで味付けしてフライパンでロースト。口に入れると、なんとも香ばしい。ここまでが「狩猟体験」なのだ。

一方、虎さんは車の荷台にカセットコンロを載せて、シカ肉のカレーを温めている。

「シカ肉の脂質は豚肉の20分の1、鉄分は家畜の3～5倍で女性にぴったり。みなさんにもっとシカ肉を食べていただきたい」

近年は都心に店を構える料理人の協力を得て「本格的野生肉を味わう会」も開催し、あの手この手でシカ肉の魅力を伝えている。

狩猟者が農家のパートナーとなる時代に

実は虎さんは、会社を辞めた後、群馬県で新規就農者の支援に携わっていた時期がある。その当時から「若者が地元の農村に溶け込む手段として、狩猟技術は役に立つ」とアドバイスしていた。

冬場の猟期は農閑期でもある。高齢者の多い中山間地域でシカやイノシシを撃ち、食肉を自給して近所に配ったり、獣害対策に貢献できれば、地元のお年寄りに喜ばれるし、自然に地域に溶け込んでいけるからだ。

「狩猟者が、農家さんの大事なパートナーとして認めてもらえる時代が、すぐそこに来ていると思います。どちらも自然環境に活かされている存在ですから」

狩猟者養成塾「ぴよっこクラブ」の新米ハンター加島勝さん（左）と談笑。

10年ほど前に狩猟免許を取得。これは必携の「銃砲所持許可証」。

現在は環境コンサルタント会社の依頼を受けて、調査目的の狩猟に従事。冬の狩猟期間中は、狩猟体験やシカの解体、ぴよっこクラブの研修など、多彩なワークショップも展開している。

さらに今春からは、神奈川県から有害鳥獣捕獲の許可を得て、アライグマやハクビシンなどの捕獲事業にも着手した。

たしかに虎さんは、昔ながらの伝統を背負った「猟師」とはいえないのかもしれない。それでも都市と農村、ベテラン猟師と新米ハンターの間を行ったり来たり。新人に狩猟の門戸を開き、食材としての野生獣の魅力を伝え続ける――今は、そんな狩猟者が必要なのだ。

File 04

生きるために、サルは食い、僕は撃つ。これは戦いです。

網倉勇太（あみくらゆうた）さん（山梨県山梨市）
「山賊アジト」頭領

山梨のブドウ畑に〝山賊〟あらわる！

「140房、うちのブドウを食べられた時は、1房につき1頭。全部で140頭殺してやる！　それくらい憎いと思いました」

そう語る網倉勇太さん（39歳）は、山梨市の牧丘地区でブドウを栽培している。出身は横浜市。C・Wニコルに憧れて、山小屋で働いたり、林業に従事したこともある。紆余曲折を経て2008年、ブドウ農家として就農。現在は70aの畑で、巨峰、シャインマスカット、ゴルビーなどを栽培する。自宅は築60年を超える古民家をセルフビルドで改装し、「山賊アジト」と命名。自身も「山賊」と名乗って活動を続けている。

Profile

1977年神奈川県横浜市生まれ。日本大学生物資源学部を中退後、林業を志して長野県へ。2007年山梨市牧丘地区へ移住。古民家を改築し「山賊アジト」を構える。70aでブドウを栽培。狩猟や有害捕獲、シカ、サルの調査・捕獲も行う。

山梨でブドウを作りながら有害捕獲も行う網倉勇太さん。
頭の手拭いは山賊のトレードマークだ。左側は愛犬のレンゲ。猟犬ではない。

ブドウを狙ってキツネ、シカ、イノシシが次々に……

就農当初、農薬はあまり使いたくなくて控えめにしていたら、サビ病に見舞われブドウの葉っぱがなくなってしまったり、突然持ち主が亡くなった畑を借り受けた年、異常気象で花が一斉に咲き出し、作業に手が回らずてんてこまい。妻の涼子さんと、親や親戚、友人の手も借りて、なんとか「就農以来の大ピンチ」を乗り切った。

網倉さんのブドウと一緒に届く「まきひげ通信」に綴られた日々は、七転八倒かつ痛快。山賊はユーモアにもあふれている。

ところが、農業を始めて間もなく、何者かがブドウを食い荒らすようになった。爪でブドウの袋を引き裂いたり、袋ごと落としたり……。最初は何者の仕業かわからなかった。

ある日、畑に行ってみると、キツネの姿が見えた。

「あいつか！　討伐に行こう！」

当時はまだ狩猟免許がなかったので、電動ガンで待ち伏せ。もともと自給自足の生活を目指していたので、狩猟免許を取り、猟銃を所持して狩猟を始めるのは、自然な流れだった。

キツネが姿を消して、ホッとしたのも束の間、次に現れたのはシカだった。シカは房の下半分を食べて去っていく。これでは売り物にならない。

「房にかかっている袋ごと、バクッ、ベリッ。背の届く下半分だけ食べる。いっそのこと、食うなら全部食ってけよって思うくらい」

「1房につき1頭……」と憎しみを抱いたのは、この頃の話だ。

畑の周囲には市の予算で獣害防護柵が巡らされているが、倒木で柵が壊れ、その隙間からシカは入り放題。住民による「獣害防護柵管理組合」が管理しているが、網倉さんが巡回すると、動物が侵入できる箇所も多く、完全防御は難しいと感じている。

続いて現れたのはイノシシ。後ろ足で立ち上がり、ブドウに食らいつく。シカは群れで畑を襲うのに対し、イノシシは単独で食い散らかしていく。

「畑ででっかいイノシシを見かけて、おののきました。うわぁ、こいつか！　うちのブドウを食ったのは！」

サルを撃ったら地獄行き!?　ベテラン猟師が嫌がる捕獲も

さらに、周囲の農家を悩ませているのがサルだ。両手が器用に使えるので、畑の野菜をひっくり返したり、里に下りて人を襲うこともあり、住民は危機感を募らせている。

メスのサルに発信機をつけて山へ放ち、
その電波をキャッチして居場所を突き止める。

網倉さんも地元の猟友会の一員として、有害捕獲にも加わっているが、年配の猟師たちはみなサルを撃つことに抵抗がある。「猟友会の先輩に『サルを撃ったら地獄へ行くぞ』と聞かされたり、『銃を向けるとこちらに手を合わせて命乞いをする』なんて話も聞きました」

しかも知能が高いので、捕獲するのは至難の技。子ザルはとても愛らしいし、イノシシやシカのように食用にするわけにもいかない。網倉さんは、山梨市の依頼を受けて、山賊仲間と3人でサルの被害調査とその駆除を行うようになった。

サルの群れはどこにいるのか？ 先に捕獲して発信機を装着したメスザルの信号を頼りに、行動を読み取りながら状況を地図に落とし込んでいく。そのデータを元に檻を仕掛ける場所や、駆除する頭数を割り出していくのだ。

見つけたら、威嚇専用の花火や電動ガンで追い払うのが第一段階。それでも被害が改善されなければ、捕まえて駆除するしかない。

とはいえ、1匹たりとも生かしておけない農家、サルにはほとんど関心のない猟師、1匹も殺したくない市民や動物保護団体……。捕獲や殺処分については、立場や状況によって思惑が異なる。地域にどれだけサルがいて、どんなサルを何頭減らせば、被害を食い止められるのか。客観的データを元に指示できるアドバイザーが必要だ。

「これからの狩猟には、研究者との連携が欠かせません」

調査の指導に当たったのは、「NPO法人　甲斐けもの社中」の山本圭介さん。野生動物の生態に詳しい専門家で、調査や威嚇、駆除のアドバイザーとして活躍している。

行政と研究者を味方につけて、ベテラン猟師も嫌がるサルとの戦いに、新参者の網倉さんたちが挑むことになった。

群れのメスを残し、オスと子ザルを撃つ

サルは集団で暮らす動物で、ボスはオスのイメージが強いが、それは動物園のサル山

の話だ。野生のサルは母系社会。群れは特定のメスを中心に構成されていて、オスはその間を行き来している。よって調査目的で捕獲し、発信機をつけて山へ放つのはもっぱら成獣のメス。放ったサルが発する電波をキャッチして、居場所を突き止める。電池の寿命は約2年だ。

捕獲には、小型の箱罠と、10×8mの大型の囲み罠を使用する。中にサルが入ったら、オスかメスか、成獣か子ザルかを識別する。サルは生殖器が小さく、雌雄の判別が難しい。唯一の手がかりは「乳首」。授乳経験のあるメスならば、乳首が長く伸びている。

雌雄と年齢を判別したら、オスと子ザルは空気銃で射殺。メスに発信機を取り付ける場合は、山本さんを呼んで、麻酔を打って取り付け、山へ放す。

ではなぜ、大人のメスだけを生かすのか？

「群れの中の上位のメスを殺してしまうと、群れが分裂して、週1回の被害が、2回、3回と増える恐れがあるからです」

檻に捕らえたサルを駆除する時、網倉さんはポンプ式の空気銃を使う。檻の角まで追い詰めて、頭を狙い、極力一発で仕留めるように心がけている。

パスッ！　大人のサルの場合、ヘッドショットするとほぼ即死する。ところが……。

「初めて子ザルを撃った時、もうそれだけで辛いのに、同行していた市役所の人が『網倉さん、まだ生きてます！』って。見ると立ち上がってきたんです。ええーっ！」

子ザルは頭を撃っても即死しなかった。使用する空気銃はポンプ式なので、慌ててエアを溜めて、もう1回頭をパスッ。まだ心臓の鼓動が止まらない。

「そうか、心臓を撃てばいいのか。3発目でようやく楽にさせることができたんですが、なぜ子ザルは即死しないのか、わからない」

仕留めたサルの遺体は、その場に穴を掘り、埋めて、さらに線香を手向けてその場を立ち去る。複雑な思いを乗り越えて、調査し、追い払い、駆除を続けた結果、2015年度の里へ下りるサルの数は減り、被害は確実に減った。

だが、獣害対策は、狩猟の技だけでは解決しきれない部分がある。

「猟師であることは最低条件。さらに自然環境を科学的、理論的な視野で

自治体の依頼でサルの被害調査や駆除を行う。獣害対策には行政・研究者の協力も欠かせない。

追い払い用の電動ガン。

見渡せる人材が必要なんです」

昔の人は宗教的な儀式や、山の神の存在を信じて、猟欲にブレーキをかけていたが、今はそれがきかない。だからこそ、科学的調査に基づいた管理が必要だと感じている。

同じ山に生きる者同士、けものと猟師は対等だ

こうしたサルとの戦いを通して、網倉さんは以前とは動物たちとの向き合い方が変わってきたと感じている。

「そもそも後から移住してきた自分より、先に住んでいたのはシカやサルの方。彼らは生きるために食っているし、僕が彼らを撃つのも生きるため。ある意味これは戦いで、お互いフェア＝対等なんです。けもの＝悪、農家＝善ではなく、どちらにも〝義〟がある縄張り争い。当事者しか問題を共有できないので、他所の人が『かわいそう』とか『皆殺しにしろ』というのとは訳が違う」

同じ山に生きる者として、動物が勝つか、人間が勝つかの縄張り争い。その最前線に猟師がいる。かつての憎しみは、「命を奪うなら、なるべく苦しまないように、粗末にしないように」という思いに変わってきた。

有害捕獲や調査とは別に、山賊は猟期になると単独で猟に出る。軽トラに空気銃を積

年末好例の「山賊リスマス会」では、
自ら撃ったキジやカモ（写真）でおもてなし。

「山賊アジト」では生食用巨峰100%の
手作りジュースやコンフィチュールも販売。

んで、流しで鳥を捕まえる。年末になると「山賊リスマス会」を開催。仲間を呼んで、自ら撃ったキジやカモで仲間をもてなすのが恒例行事になっている。

「どんなセレブにも、真似のできない贅沢です」

猟師は農業の副業ではなく「複業」。そこに森や山の魅力を伝える観光業も合わせての「山賊業」だ。

ちなみに、かつて網倉さんの畑を荒らした「でっかいイノシシ」は、最近、別の猟友会の猟師が捕獲して、軽トラの荷台で揺られていたそうだ。

ブドウの栽培も、けものとの戦いも七転八倒の連続。それでも動物と人間の縄張り争いの最前線で、山賊は奮闘し続けている。

File 05

40年続けた料理をやめてマタギになるかもしれません

山野辺（やまのべ） 宏（ひろし）さん（福島県下郷町）
「シェ・やまのべ」オーナーシェフ

フレンチのベテランシェフ、クマと対決！

福島県南会津郡下郷町。山あいの湯野上温泉のほど近く。阿賀川の渓流沿いに、小さな一軒家のような佇まいのレストラン「シェ・やまのべ」がある。オーナーシェフの山野辺宏さん（60歳）は、フランス料理一筋で、この道40年のベテラン。そして10年前から猟師としても活躍している。

そんな山野辺さんのレストランで、出猟した時の話を聞いた。

「以前、イノシシ狩りで山を下りていたら、下から黒いかたまりが『もくもく』と上がってくる。よく見ると、毛を逆立てたクマが正面から向かってきたんです。距離は3～5mぐらい

Profile

1956年福島県生まれ。20歳で料理の道へ入り23歳でフランスへ。81年帰国。「銀座レカン」、葉山の「ラ・マーレ・ド・茶屋」等を経て、97年独立。下郷町に「シェ・やまのべ」をオープン。50歳から狩猟を始め、捕獲隊としても活躍中。

「シェ・やまのべ」オーナーシェフの山野辺宏さん。
猟でクマに出くわした経緯と、危機一髪の対決の様子を熱く語る。

だったかなあ。泡を食って頭を狙ったけど、急所は外したかもしれない。クマはコロコロ崖の下に転がり落ちていきました。気がついたら、足がガタガタ震えていた。あんな体験は初めてです」

白いコックコートに身を包み、危機一髪だったクマとの対決シーンを思い起こし、熱く語っていた。

「五十の手習い」でスタート。地元の獣肉でジビエ料理を

山野辺さんは福島県の海沿いのいわき市出身。20歳で料理の道へ入り、東京のホテルで働いた。23歳でフランスへ。リヨンの北、ブールカン＝ブレスのレストランのオーナーシェフは狩猟が趣味で、仲間と山へ行きカモやウサギを撃ってくる。その羽根や毛をむしり、下準備するのが仕事だった。

「そこで初めて〝撃つシェフ〟を見ました。ものすごいカルチャーショックで、いつか自分もやってみたい。ずっと頭に残っていました」

81年に帰国して、「銀座レカン」や葉山の「ラ・マーレ・ド・茶屋」でさらに腕に磨きをかけるが、いずれも都心や海辺のレストランだったので、山へ行って鳥やけものを撃つチャンスは、なかなか得られなかった。

自ら捕獲したクマ肉を使った料理。自家製の野菜も添えられている（撮影用に特別に作っていただいた）。

湯野上温泉近く、清流沿いに佇む小さなレストラン「シェ・やまのべ」。

カンジキを履いて、雪道をサクサク進む山野辺さん。
手には愛用の散弾銃が。

97年、会津の下郷町に41歳で「シェ・やまのべ」をオープン。春は山菜を摘み、夏は自家菜園で野菜を育て、渓流で魚を釣り、秋はキノコ、そして冬は……地元の野生獣の肉を使ってジビエ料理を。

念願叶って狩猟を始めたのは、店が落ち着いた50歳の時だった。

周囲に知り合いの猟師はいなかったので、やむなく出身地いわき市の同級生の猟師に教わりながら、狩猟免許の試験を受けて猟銃も所持。最初はいわきで巻き狩りに加わっていた。

イノシシの解体に参加した時、かつてホテルで働いていた頃、豚の枝肉を解体した記憶が蘇ってきた。豚とイノシシは構造が一緒なので、

「そうだった、こうやって骨を外すんだ。昔よく、こうやってポークチョップを作らされたなあ」

普段から包丁を手に肉と向き合っているので、素人よりもずっと早く、そして鮮やかに解体技術を身につけた。

捕獲隊員として地元の猟師と交流

はじめは下郷町の山を一人で歩き、ヤマドリやカモを獲っていた。そして3年が経過した時、地元の猟友会から「有害鳥獣捕獲隊へ入らないか」と誘われた。

下郷町周辺では、もともと冬場の猟期はウサギの巻き狩りと、冬眠しているクマのねぐらを襲う「穴熊猟」が中心だったが、近年は、それまで会津では姿が見れらなかったシカやイノシシによる農作物の被害が増えている。

冬場の猟期以外も、被害が出れば地元の猟友会へ捕獲の要請がくるのだが、そこに参加するには、3年以上の経験が必要なのだ。

下郷町には、かつて150人もの猟師がいたそうだが、現在は16人。メンバーの中では、今年還暦を迎える山野辺さんが2番目に若く、60~70代が大半を占めている。捕獲隊への参加を機に、地元の猟師との交流を深めていった。

捕獲したウサギやイノシシの肉は雪に埋めて保存する。
雪深い会津地方ならではの伝統技法だ。

周りはこの道何十年のベテランばかり。80代の猟師からウサギの毛の剥き方や、肉を「雪」に埋めて保存する、会津ならではの方法も習った。もともとウサギ肉を保存するための技術だが、山野辺さんはこれをイノシシやクマにも応用している。

「肉を布に包んで雪に埋めておきます。マイナス1℃から0℃ぐらい。適度にドリップが出て、いい状態で保存できます」

足跡や糞の形跡から居場所を突き止めるシカやイノシシと違い、クマ猟はいかに冬眠している木や岩穴を見つけるかが決め手になる。猟師にはそれぞれ縄張りのようなものがあり、自分の穴は絶対他人に教えない。それでもだんだん打ち解けて、「クマ行こうか」と誘われるようになった。

東日本大震災から5年。ジレンマを抱えながら……

こうして自ら撃ったシカやイノシシ、クマの料理を提供する。そんなスタイルが人気を呼んで「シェ・やまのべ」には、多くのリピーターが訪れるようになっていた。

ところが、今から5年前の２０１１年３月、東日本大震災が発生。それに伴う原発事故以来、福島県では野生獣の摂取や出荷が制限されている。

イノシシについては、県北と相双地区では、自家消費すらままならない。比較的被害の少ない会津地方では、摂取制限こそされていないが、イノシシもツキノワグマも、キジも出荷制限がかかっていて、検査して放射性物質が基準値を下回っていてもレストランの営業に使用できない状態が、この5年間続いている。

「私が仕留めたクマやイノシシの料理を楽しみにしているお客様も大勢いらっしゃったのに、それが出せない。ものすごいジレンマを感じます」

本当に残念なことだが、現在はレストランでジビエの提供は控え、自家消費に止めている。

そんな山野辺シェフの元に、２０１６年１月「ぜひ猟に同行させてほしい」と、福島県内で活躍する４人の若手料理人がやってきた。

郡山市でトラットリアを経営する加藤智樹さん（左）。
山野辺シェフに狩猟の醍醐味を教わり「今年、狩猟免許を取ります！」

若手料理人に狩猟を伝授

山野辺さんは、前日クマ猟に出たばかり。「今日は軽く」と言いながら、4人の目の前でヤマドリ1羽と、カモ3羽を捕獲。その場で羽根のむしり方や、解体方法を伝授した。

さらに、「ではシカも捕まえよう」と、どんどん山へ分け入っていく。

「僕ら4人はみんな30代なんですが、もうシェフについていくだけで精一杯でした」

参加者の一人で、郡山市「ラ・ギアンダ」のオーナーシェフ、加藤智樹さん（38歳）は苦笑する。加藤さん自身、大の山好きで、普段から山にはよく登っているというが、「今まで山で一番強い人間は、登山家だと思っていました。だけど、それは違ってた。

最強なのは、獲物を追いかけて、道なき道を進んでいく猟師だ」

この日は足跡を追いかけて、シカが「さっきまでそこにいた」場所までたどり着いたのだが、人数が多かったせいか、先にシカに気配を気取られ、姿を消した後だった。

この日はヤマドリ（写真）とカモを捕獲。猟に同行した
若い料理人たちに、羽根のむしり方や解体方法を伝授した。

仕留めたその場で、肉を傷めずに
解体する方法をレクチャー。

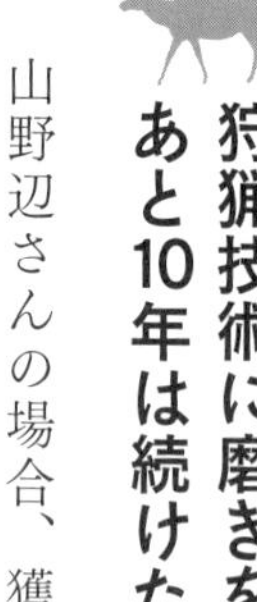
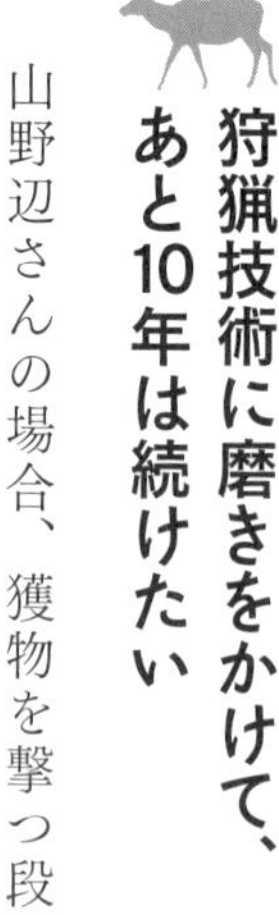

狩猟技術に磨きをかけて、あと10年は続けたい

山野辺さんの場合、獲物を撃つ段階から、料理は始まっている。

「一番欲しい部位はロースなので、シカならなるべく前肩を狙って撃ちますね」

捕獲した後、最も神経を使うのは、血抜きと獲物の体温をいかに下げるか。近場に川があれば内臓を抜いてそこに浸ける、なければ雪に埋める。温度管理が肉の品質を左右するのだ。

料理人には、損傷の激しい猟銃ではなく、罠で捕まえた獣肉だけを使う人もいる。

「歩留まりは、確かに罠の方がいいんですが、くくり罠でも、箱罠でも、なんとか逃れようともがいていている。やっぱり一瞬で命を止めてあげないと、かわいそうな気がします。散々撃っておきながら、勝手な言い分ですが……」

福島県で、思い切り野生獣の肉が使えるようになるには、まだ時間がかかりそうだ。それでもこれまで培われてきた猟師の知恵や技を、ここで途絶えさせたくはない。まだまだ狩猟技術を磨きたい。料理人が自ら獲物を捕獲することで、得るものは大きい。

そんな山野辺さんの姿勢に触発され、加藤さんも今年、狩猟免許を取得しようと考えている。一方、師匠の山野辺さんは、

「料理は40年。そろそろ定年退職です。猟師はまだ10年、すごく奥が深いんですね。料理をやめてマタギになるかもしれない」

と発言して、周囲を驚かせた。

これまでは散弾銃とハーフライフルで出猟していたが、今年からいよいよ、10年以上のキャリアがなければ使えない、射程距離の長いライフル銃を所持して猟に臨む。

願いは、仕留めた獲物をきちんと検査して、問題がなければ使えるようになること。福島に若手猟師が増えること。できれば、それが料理人であること。たとえ時間がかかっても、それが福島の山の再生につながる。

「あと10年はできるかな。そんな気がしています」

捕獲の依頼が来たら、罠を設置して、ランチの営業を終えてふたたび見回りへ……。

野山を駆け巡る山野辺シェフは、まだまだ忙しい。

File 06

捕獲も、解体も美しくせなあかんのです

足立善徳（あだちよしのり）さん（兵庫県丹波市）

捕らえたシカを、静かに仕留める

1月16日の朝、宿泊先の宿から足立善徳さん（75歳）に電話をかけた。

「おはようございます。どんな感じですか？」

「はあ、今見てきたら、シカが2つほどかかっておりました」

「おお。ではこれから伺います」

兵庫県丹波市青垣町に住む足立さんは、猟師になって50年。単独で猟をする「くくり罠」の名人として知られている。自宅から、車に乗って10分ほどで現場に到着。田んぼからさほど遠くない杉木立ちの中で、メスジカが捕らえられていた。

Profile

1940年兵庫県生まれ。養蚕や農業を営みながら、猟師の道へ。昔ながらの巻き狩りでイノシシ猟に携わる。25年ほど前から単独のくくり罠猟に専念。2009年、解体処理施設を設立し、自ら捕獲・処理した肉を販売する。

くくり罠名人の足立善徳さん。
手製の罠を獣道に仕掛けてシカやイノシシを捕らえる。

くくり罠にメスのシカが捕らえられていた。
ためらうことなくハンマーを振り落とし、一撃を食らわす。

か細い前脚にワイヤーが巻きついて、どんなに足掻いても外れない。真っ黒な瞳でこちらを見ている。足立さんは、捕獲用の「七つ道具」の入ったナップザックから、柄の長いハンマーを取り出し、頭上に振り上げ、ためらうことなく、シカの眉間を目がけて振り落とした。

ボコッ！　ドサッ！　鈍い音を立てて、その場にシカが倒れる。足立さんはすかさず、ナイフを取り出して、「今、楽にしてやるからな」。

失神したシカの心臓にとどめを刺すと、真っ赤な血が流れ出した。そのシカは、私たちが現場に着いてから、ものの5分もかからぬうちに、静かに息を引き取った。

足立さんは、罠の設置、捕獲、獲物の回

収、解体、販売、すべて一人で行っている。このスタイルで、猟期の間にシカを70〜80頭、イノシシ30〜40頭を捕獲。その肉は上質で食味がよく、見た目にも美しいと評判が高い。

イノシシの産地で、プロの猟師が技を競い合う

兵庫県の山間部、丹波市や篠山市一帯は、昔から良質なイノシシの産地として知られている。周辺の雑木林や竹藪で、木の実や山の幸をたらふく食べて育つイノシシは、この地域の特産品。篠山市では、イノシシ肉を味噌仕立てで煮込む「ぼたん鍋」が有名で、猪肉専門の問屋があるほど。昔はプロの猟師が何人もいて、その技を競い合っていた。

足立さんが住む、丹波市北部の旧青垣町は山林に囲まれている。昭和20年代は、養蚕や炭焼きが盛んで、焼畑でソバやサツマイモなどが栽培されていた。地元には猟師も大勢いて、「玄関に入ると、そこにチャッと鉄砲がかかっている」のが、普通の光景だった。銃刀法による規制が厳しい今では考えられないが、事故が起きたことは一度もなかったそうだ。

「学校から帰る時間になると、脚をくくって宙吊りにしたイノシシを担いで、山から帰る猟師さんと行き合いました」

山林と田畑に恵まれた丹波市青垣町。

昔の猟師は、空薬莢を鳴らして合図を送り合った。

足立さんの父は猟師ではなかったが、1963年の豪雪の年、イノシシが大量に捕まり、近所の猟師に肉を分けてもらった。その時、「自分でイノシシを捕まえて、食べたい」と、猟師の道へ。猟友会に加わり、巻き狩りに参加した。

今から50年前、自家用車も無線もGPSもない時代。頼りは犬と猟師自身の能力だけで、猟の手法も今とはかなり違っていた。互いの合図に使っていたのは、真鍮製の空薬莢。昔はこれに黒色火薬を詰めて、手製の弾を作っていたそうだ。

首からお守りのように下げた袋から、空薬莢を取り出し、口に当てて吹くと「ピーッ！」と甲高い音が鳴る。1回吹いたら「止まれ」、2回なら「こっちへ来い」といった具合に、グループによって合図の音が決まっていた。猟師は耳を澄まして合図を聞き分け、移動する。

「だんだんメカで横着するようになってきましたけど、わしらは今の人らの3倍は山を歩いてました」

「神さんにいただいた財産やから、無駄に殺すな」

そんな足立さんが、これまでずっと肝に銘じている師匠の猟師の言葉がある。

「動物たちは、神さんにいただいた貴重な財産やから、無駄に殺すな。食べるか、お金に換えるか。どっちかにするんや」

昭和40年代、5人グループでイノシシを捕まえて、問屋へ卸せば、ひと冬で600〜700万円の稼ぎになっていた。等分しても1人1日1万円以上。建設現場で働くよりも、ずっとよかった。

ところが平成になる頃には、丹波市周辺でもイノシシよりシカの個体数が急激に増え、農作物を荒らす被害が増えてきた。足立さんはその頃からグループを離れて、単独で罠猟に専念するようになった。

たった一人で野生獣と向き合う時は、危険も伴う。

「一番やさしいのはメンタ（雌）のシカ。オンタ（雄）のシカは、角で威嚇してくる。一番手強いのがイノシシ。くくられた脚の対角線上の脚を捕まえて、木に縛りつけてからでないと、殴れんのです」

イノシシは1月を過ぎると繁殖期に入る。オスはメスを求めて餌もとらずにどこまでも移動するので、臭いが強くなり、尻の肉もガタッと落ちてしまう。しかも丹波市でくくり罠が使えるのは、11月15日から2月15日の猟期のみ。市内では、夏の間も猟銃や箱罠による有害捕獲は続いているが、足立さんは山でイノシシの足跡を見つけるたび、心の中で、「冬になるまで、捕まるなよ」と唱えているそうだ。

手製のくくり罠、たった一人でけものと向き合う

ここで、足立さんが使っているくくり罠を見せていただいた。

鉄製のパイプの中にバネを仕込んだ「押しバネ式」で、持ち歩くときはコンパクトに収まっている。塩ビのパイプに仕掛けた踏み板を踏み抜くと、バネが弾けて、一瞬でけものの脚にワイヤーが巻きつく仕組みだ（左ページ参照）。

「内径は10㎝、イノシシやシカ、場合によってはクマも捕まりますが、人間は踏み抜けないのでかかりません」

足立さん直伝①

「くくり罠」の設置方法

地面を丸い筒状にくり抜き、手前に杭を打って細いくぼみを作る。

くくり罠を入れる。手前のワイヤーを土中に埋めて外に出し、木などに固定する。

塩ビパイプの凹みに罠を合わせて押し込み、内側に網をセット。

ワイヤーの輪をパイプの外周に合わせてセット。

薄いスチロール製の踏み板をセット。板は外周に沿って切れ目を入れるのがポイント。

上に土をかぶせて隠す。動物が踏み抜いた瞬間、バネが弾けて脚をくくる仕組みだ。

この罠で特許も取得。人づてに評判を聞きつけ、全国から注文が寄せられている。

この日は捕らえた猟場が近かったので、仕留めたシカをそのまま軽トラの荷台へ乗せて、自宅の作業場へ向かった。

連れ帰ったシカはメス。四肢の膝下と頭部を切り離し、腹を割り、S字のフックをつけて滑車で吊り上げる。自重で内臓が下へ落ちてきたところを取り出した。使う刃物はよく研いだ三角形の小刀2本と、先が丸く曲がったナイフの3種類だけ。実にシンプルに、そして淡々と、作業を進めていく（解体方法は86ページを参照）。

取り出した内臓の中に、子宮があった。捕らえたメスは妊娠していて、その袋を開けると流れ出た羊水の中から真っ白なシカの胎児が現れ、四肢の先に小さな蹄が見えた。

「昔はね、シカの子を取り出して、とっといたんですよ」

足立さんの妻、卂子（としこ）さんが教えてくれた。シカの胎児を乾燥させたものは、女性の「血の道」に効くといわれている。実際に産後の肥立ちが悪く、寝床から離れられなかった女性に、これを煎じて飲ませたところ、起き上がれるようになったという。

「その方のお母さんが、『助かりました』って、わざわざお礼に来られましたわ」

足立夫妻には、3人の息子がいて、それぞれ教師、歯科医師、鍼灸師として活躍している。卂子さん自身、シカの子を飲んだことはないが、子どもたちが発熱した時は、「キツネの舌」を煎じて飲ませていたそうだ。今はもう、そんな習慣はなくなってしまったが、動物たちは肉や毛皮の他に、時には「薬」として、人々の暮らしに役立っていた。

足立さんの猟場は丹波市周辺だけでなく、豊岡や、県境を越えて舞鶴、宮津、鳥取砂丘近くまで、広範囲に及んでいる。

猟師は身近な山を何度も歩き、動物の行動を読み、獣道を探して罠を仕掛けていくのが基本だと思っていた。ところが、足立さんは初めて訪れた場所でも、どこへ罠を仕掛

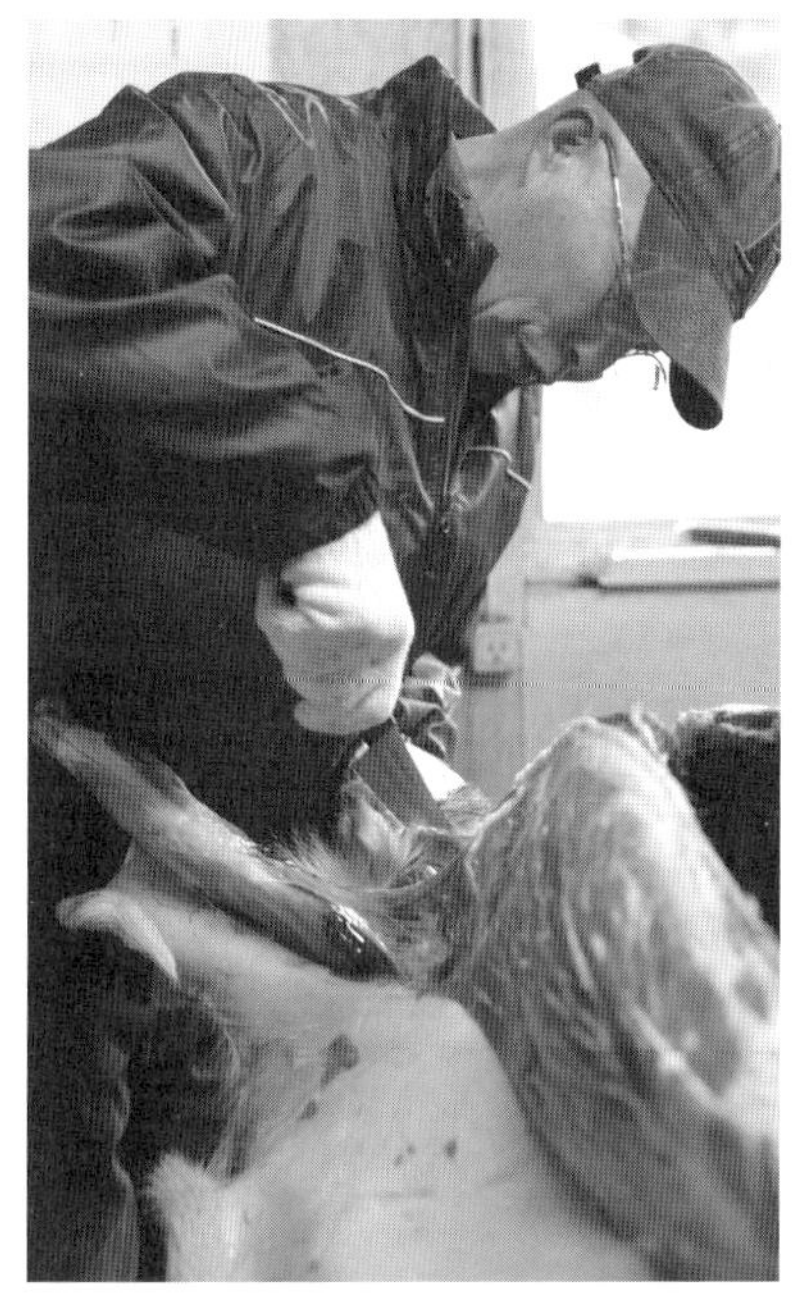

獲物が動かないように、
V字傾斜のある台で皮を剥いでいく。
肉を切り落とさないように丁寧に。

くくり罠の設置に使う道具一式。
杭、ワイヤー、ハンマーなど。

ければ獲物が獲れるか、わかるという。

「知らないところを車で走っとっても、『ああ、あの山やったら獲れる』と。75歳になっても、車で2時間かかっても、出かけていくんですね」

と、玐子さん。獲物が遠方で捕まった時は、現地で内臓を出すが、それでも「肉に毛一本ついていない」状態で持ち帰っている。

「狩猟も、解体も、とにかく美しくせなあかんのです」

無駄のない道具と動きで、できるだけ短時間で始末する。命を奪う以上、けものの苦痛は最小限に止め、いただいた肉や骨や内臓は最大限に生かす――それが猟師の美学だ。

名人のイノシシ肉は塩・コショウだけで美味！

解体も一段落して、足立さんが仕留めたイノシシの肉をご馳走になった。2009年には、玐子さんと食肉処理業と食肉販売業の免許を取得して、自ら処理したイノシシやシカの肉を販売しているが、名人の獲ったイノシシには、食べ方にも流儀がある。

赤身の周囲に真っ白な脂身が乗っていて花びらのように美しい。石油ストーブの上にフライパンを置き、凍ったままスライスを並べていく。しばらくすると透明な脂が溶け出してきて、全体の色が変わったら裏返す。ほどなく塩・コショウを振りかけて、その

足立さんと、長年連れ添う妻の卂子さん（右）。
時々、卂子さんも一緒に山に入り、捕らえた獲物を運んだり解体を手伝う。

自ら獲ったイノシシ肉、
ストーブの火加減がちょうどよい。

切り口の美しいイノシシ肉のスライス。

肉は部位ごとにロール状に丸めて冷凍保存。

ましばらく熱したところで味わう。もうそれだけでご馳走だ。

不思議なことに、こうしていただくと胸焼けすることもなく、牛肉や豚肉よりもたくさん食べられる。

「イノシシの肉は牛とは脂の質が違っていて、胃の粘膜にくっつかへん。だからなんぼでも食べられる」

ホットプレートやガスコンロではなく、ストーブの熱でじっくり焼くのもポイント。強火で一気に加熱すると、肉が硬くなってしまうので、イノシシ肉は弱火でじっくり。味付けはシンプルでいい。

野生獣の肉といえば、くさみがあるイメージが強いが、特別な調味料やスパイスを用いなくても、一般家庭にある普通の調味料で十分においしく味わえる。現に昔から猟師やその周辺の人たちは、そうやってシカやイノシシの肉を楽しんできた。

「料理法は簡単に。シカもイノシシも〝大衆肉〟として広めなあかんのです」

猟師になって50年。ずっと動物たちと向き合ってきた、足立さんに聞いてみた。

「これからどんな人に猟師になってほしいですか？　反対に、猟師になってほしくない人は？」

「今だけ、銭だけ、自分だけ。そんなヤツに、猟師になる資格はない」

と、きっぱり。未来を見据えて、私利私欲に走らず、みんなのために――猟師とは、本来そんな人たちなのだ。

七つ道具を背負って次の猟場へ……。

足立さん直伝②

シカの解体方法

シカの四肢の皮と関節を切り、脚の下半分を切り落とす。

顎の回りに小刀を入れて皮と肉を切り、頭を回して胴体から切り離す。

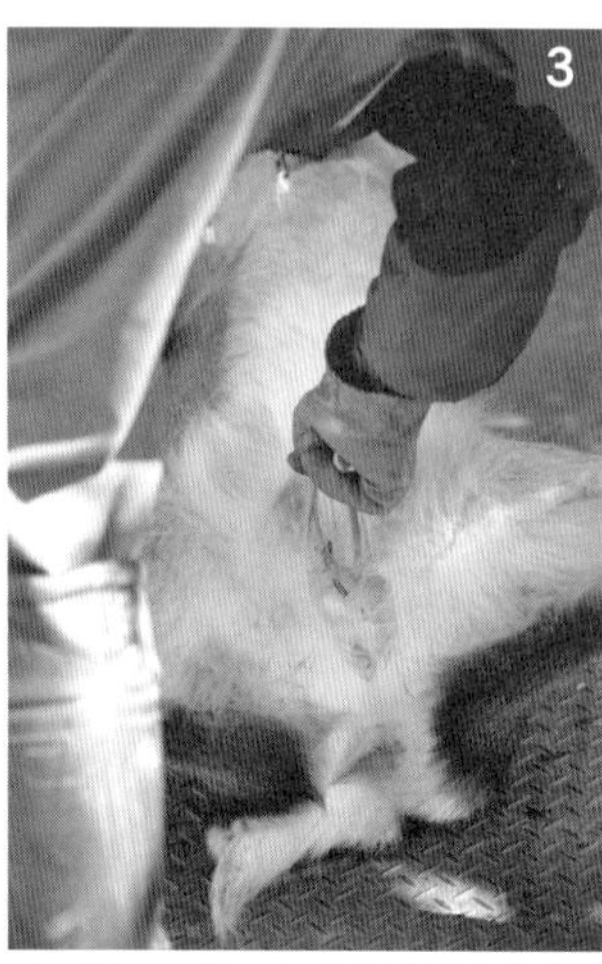

下腹部の皮に、ナイフの刃を上向きにして入れる。

胴体の中心に沿って一気に切り上げ、丸刃のナイフで胸骨を割る。

股側にＳ字フックをかけ、人力の滑車を使って吊り上げる。

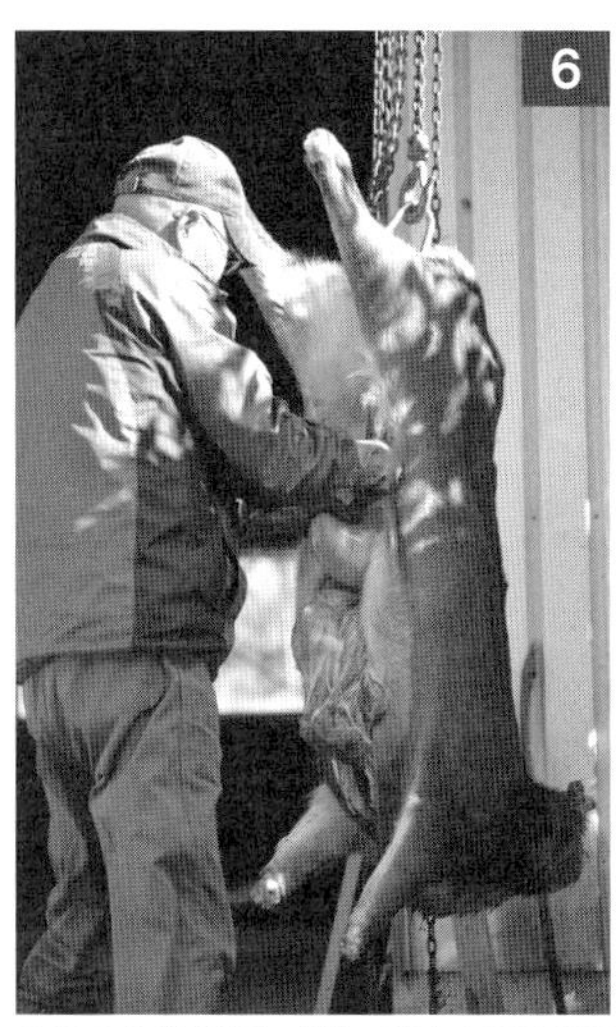

自重で内臓が下へ落ちてきたところを取り出す。

子宮が出てきた。中にはシカの胎児が。

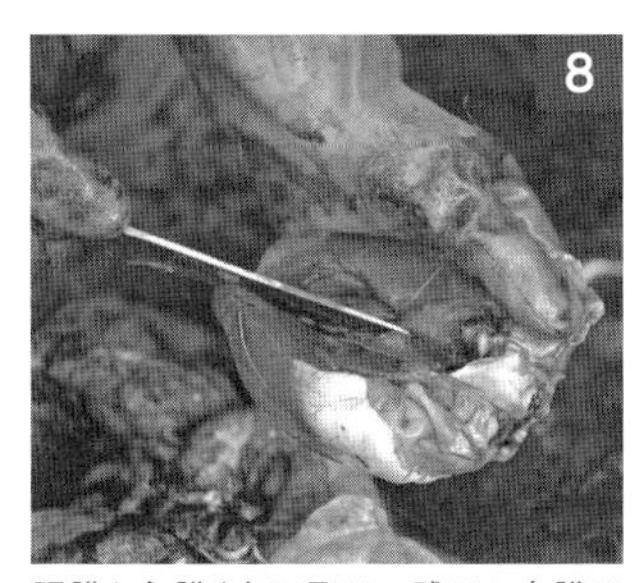

肝臓と心臓を切り取り、残りの内臓は処分する。※この後、皮を剥いで部位ごとに肉をカット。

解体に使用する刃物は３種類。柄はシカの角でできている。

クマに感謝する「熊まつり」やらずにはいられません

大滝（おおたき）剛（つよし）さん（新潟県村上市）

授業をボイコットしても行きたい、春のクマ猟

新潟県の最北端に位置する、村上市の山熊田地区。冬場は積雪2・5mに達する豪雪地帯で、昔から春先に目覚めたクマを捕獲するクマ猟が行われている。集落は全部で19戸。うち18戸が大滝姓という土地柄だ。

ここには4人の猟師がいて、伝統の猟を続けている。その中でシカリ（頭領）を務めるのが、大滝剛さん（54歳）さんだ。

剛さんが初めて猟場へ出向いたのは、小学生の時だった。

「4月になると、授業を1日だけ休んで、男の子だけ猟場へ連れていってもらいました」

Profile
1961年新潟県生まれ。小学生の頃から山熊田の猟師たちとクマ猟に参加する。22歳で狩猟免許を取得。生コン会社に勤務。週末を利用して狩猟を続ける。現在は巻き狩りと「熊まつり」を仕切るシカリ(頭領)を務めている。

山熊田に生まれ育ち、シカリ(頭領)を務める大滝剛さん。
相棒のトラ(左)は、北海道犬の血を引く生粋の猟犬だ。

とはいえ小学生の足で、山中の道なき道を踏み越えて、猟場にたどり着くのは容易なことではない。

「低学年は林道の終点まで。高学年になると鉄砲撃ちが獲物を待つマチバの近くにズラッと並んで見学するんです」

そんな学校公認行事には、必ず猟師を引退した年配の「ジイヤ」たちが引率者として付き添っていた。

当時は十数人の児童がいたが、猟場へ行ったら、どんなに寒くても動いてはいけない。ちょっとでも喋ったり、ふざけたりす

冬場は2mを超える雪に閉ざされる山熊田。
日本三大古布のひとつ「しな織り」の里としても知られる。

ると、すかさず柴(雑木)で、「バシッ！」と叩かれる。それでも春のクマ猟の時期になると、「行がね」という子は、一人もいなかったという。

それどころか、ある年、都会から赴任してきた教師が、「そんな行事は危険だから、中止にしましょう」と言い出した時、みんなで「学校さ行がね」と授業をボイコットしたことも。山熊田の子どもたちには、それほど大事で楽しみな日だった。

「遠足みたいに生易しいもんでない。登山道もない、道のあるようなねえような残雪の斜面を、みんなで進んでいくんだから」

それでもケガ人も行方不明者も出さずにずっと続けられたのは、ジイヤたちが子どもたちをビシッと監督し、見守ってくれていたからだろう。

山熊田では、そんなふうに集落ぐるみで子どものうちから猟師を育てる習慣が、学校ができるずっと前から続いていたようだ。

大人も子どもも、肉と熊の胆を等分に

中学生になると、今度は巻き狩りの勢子(せこ)としてクマ猟に加わった。山熊田の猟師の間では、声を上げることを「鳴る」という。

「ホーホー」「ヨーホー」と、声を鳴らして、雪の斜面を走りながら、獲物を追い込んでいく。剛さんが初めてクマを仕留める場面に遭遇したのは、中学生の時。捕らえた瞬間、

「おでんがら(=お手柄だあ)」

と誰かが声を鳴らす。それが聞こえてきたら、他のみんなも一斉に「おでんがら」と唱える。そうして解体が始まる。

当時は、子どもも合わせて50人がかりで猟をしていたので、分配される肉の分け前は、ほんのひと握り。大人も子どもも、勢子もタツマも関係なく、等分に割り当てられていた。

もうひとつ大事な分け前として、熊の胆(胆嚢)がある。これも人数が多いので、できるだけ薄く、薄く伸ばして等分にしていた。それでも一人分はほんのひとつまみ。冬の間、雪に閉ざされ、集落に医者のいない山熊田では、腹痛や頭痛が起きた時、水に溶かして飲む常備薬として欠かせない。

剛さんの母、初見さんによれば、

「夏場の暑い時期、外で作業していてヘタヘタってなる時も、ものすごく苦いけど、ほんのすこし飲めば治る。山に行く時は、いつでも持って入ります」

日射病や熱射病の予防効果もある熊の胆は、今も山の暮らしに欠かせない。

近隣のハンターも交えて、クマ狩りを続ける

こうして中学、高校を卒業すると、山熊田を離れて大工や他の仕事に就き、地元を離れる人と、山熊田に残り、自宅から通える場所で働きながら猟師になる人とに分かれる。剛さんは後者の道を選んだ。

ずっとクマ猟を学校行事としていた山熊田小学校は、1992年に閉校。現在、山熊田で猟師として活躍しているのは、年齢順にベテランの幸男さん、国吉さん、剛さん、茂さんの4人で、やはり全員が大滝姓。剛さんら50代の3人が中心で、その下の世代はまだいない。

現在、剛さんは村上市内の生コンクリート会社に勤務。猟期が始まると、平日は会社に出て、土日は猟に出る日々を送っている。

取材に訪れた11月23日。「今朝、捕ったんだ」と、立派なヤマドリを見せてくれた。す

巻き狩りの猟場を指差す剛さん。
勢子の鳴り声がクマに警戒心を
芽生えさせる。

単独猟で仕留めたヤマドリ。

でに羽毛は除かれていたが、長い尾羽が美しい。

自宅の玄関前には相棒の「トラ」が寝そべっている。主人以外にはなつかない北海道犬で、慣れない人間が近寄ると、歯をむき出して威嚇する。生粋の猟犬なのだ。

かつては地元の人たちだけで猟を行っていたが、最近は山熊田の4人の猟師を中心に、近隣在住のハンターも巻き狩りに参加。獲物を追い立てる勢子だけを務める人も合わせると、20人前後になる。山熊田へ来て初めてクマ猟に参加して、その魅力を知り、何度も通っている人もいるという。

ただし、外から巻き狩りの応援に来る人は、地元の人たちの間だけで通じる地名や目印で持ち場を指定するとわからないこともある。そのため、より丁寧に説明し、指示を出さないといけないのだ。

勢子の声で、クマに人間の怖さを伝える

昔ながらの大人数で巻き狩りができなくなった代わりに、国吉さんと剛さんは、ライフル銃を導入した。スコープ付きのライフルは、射程距離300mで、散弾銃のそれよりもずっと長い。

「昔は散弾銃だったから、獲物を近くに寄せないと獲れなかったけど、これがあれば人が少なくても獲れる」

と、剛さん。淡々とした口ぶりの中に、自信のほどが伺えた。

近年は、村上市内でも獣害が増えていて、罠での捕獲も多くなっている。クマは、ドングリやブナの実などの木の実が主食。春になると新芽や花も食べている。だが、数年に一度、山の木の実が不作になることがある。そんな年は、他の野生動物よりも、クマが一番罠にかかりやすい。

「本当は臆病なのに、体がでかいぶん、たくさん餌が必要。腹が減るとどうしても、人里へ下りてきてしまう」

山熊田では、人とクマの住処が隣り合わせ。それでも、これまでクマに襲われた人はいないという。

春になって、雪が解けると、集落の女性たちは一斉に山菜を採りに山に入る。この時、クマ猟の勢子と同じように、「ホーホー」と声を鳴らして歩く。この声を聞くと、クマたちが警戒するからだ。

剛さんは、少人数で行う秋の「クマ猟」、冬眠中を捕獲する「アナグマ猟」、そして春の「巻き狩り」を行っている。

山熊田の地図。いたるところにクマ出没のマークが記されている。

人間の怖さを学んだクマは、人間に近寄らない。クマ狩りは、クマに人間の怖さを学習してもらい、同じ山で、最小限の犠牲を払いながら、共に生きていくために先人たちが積み重ねてきた術なのかもしれない。

アザミ入りの「ナヤ汁」で、山の神に感謝

2016年4月23日、山熊田の公民館で「熊まつり」が開かれた。祭りは毎年4月下旬の週末で、クマが捕まった時点で期日が決まる。

以前はお客を招いて盛大に行っていたが、5年前の東日本大震災に伴う原発事故の影響で、クマ肉に出荷制限がかかっているため、最近は内輪の行事となっている。

熊まつりは、山菜を採り、クマを仕留め、解体

熊まつりの日、男たちは山へ向かって「ホーホー」と声を鳴らす。

し、ナヤ汁（熊汁）を煮て、酒を飲む。そのすべてを男性が執り行う（最近は下準備を奥さんたちが手伝うようになったが、あくまで男性が中心）。

クマの猟期は4月の3週間ほど。その間に捕獲できるのは、村上市内の旧山北町エリアで、8頭と決められている。この日熊汁に使われたのは7頭目で、おそらく今期最後になるという。

祭りが始まると、男たちは、山側と谷側に分かれてスタンバイ。山に入る者は、酒を持って入る。位置についたら、山側から「ホーホー」と声を鳴らし、それに対して谷側からも、「ヨーホー」と応える。山の神に感謝を捧げる儀式が終わると宴会に。熊汁と山菜の料理を肴に、夜通し宴が続く。

興味深いのは、熊汁の作り方。肉、骨、内臓、頭、すべてを鍋に入れ、水から煮出す。お湯から煮ると、肉が硬くなるようだ。朝9時から火にかけて、

「山の神様とクマに感謝する祭り。
やらずにはいられない」と剛さん。

13時30分頃まで煮込む。剛さんの母、初見さんの手作り味噌で味付けして、仕上げに当日の朝、山から採ってきた「アザミ」を入れれば完成だ。それはよく見かけるオニアザミではなく、花の咲かない「アザミ」。熊まつりが開かれる雪解けの頃に採れる山菜だ。最近は、豆腐や野菜を入れたバージョンも登場しているが、昔ながらの「ナヤ汁」は、クマとアザミと決まっている。

「山の神様と、クマへの感謝の祭りなんだから、クマを獲らねば祭りが始まらない。やらずには、いられない」

と剛さん。クマをはじめ、山の恩恵にあずかって生きる人たちは、何が起きても感謝とお礼の気持ちを込めた熊まつりを欠かさない。

山熊田では、同じ山に暮らす者として、互いに緊張関係を保ちながら、クマと人間の間で脈々と受け継がれてきた狩猟の原点が、今なお息づいている。

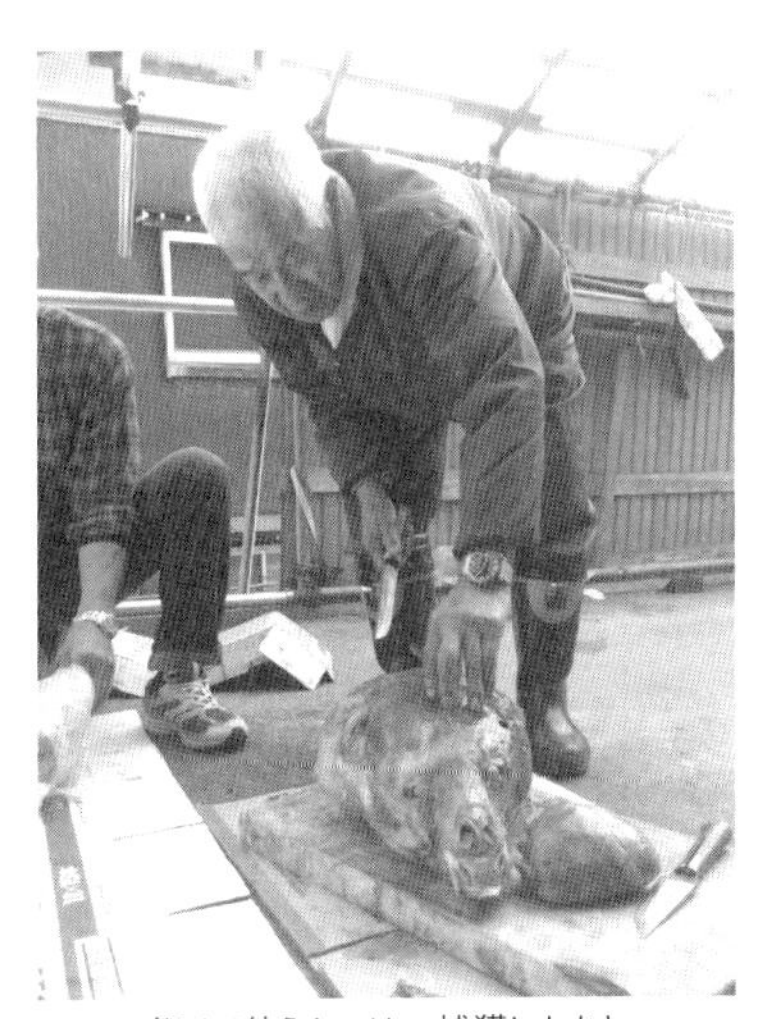

祭りで使うクマは、捕獲したあと
皮と内臓を除いて雪に埋めておき、
当日解体する。頭の肉も骨も、余さず使う。

昔ながらの「ナヤ汁」。
アザミとクマの肉、骨、味噌を入れて、
ひたすらグツグツ煮込む。

山の神とクマに感謝して、ひたすら飲み続ける男たち。

File 08

シカ肉の魅力を伝えていけばきっと一生の仕事になる

藤原誉さん（京都府南丹市）
「田歌舎」代表

自然の中で自給的な暮らしを実践

「関西で猟師のことが知りたかったら、田歌舎へ行け！」

そう教えてくれたのは、関西在住のカメラマンだった。京都府南丹市美山にある「田歌舎」。いったいどんなところなのだろう？

1月14日。京都駅からバスを何度も乗り継いでようやくたどり着いたのは、山の中の森と清流に囲まれた、木造の建物の集合体だった。

敷地内の自宅も、スタッフルームも、宿泊棟もトイレも、八角形のレストランも、みな木でできている。代表の藤原誉さん（43歳）とスタッフが、セルフビルドで建てたものだ。

Profile
1972年大阪府生まれ。21歳で美山町(当時)へ移住。養鶏場の手伝いや大工見習いとして働き、自給自足の技を学ぶ。愛犬レオに導かれ猟師の道へ。2003年、田歌舎を設立。狩猟や林業、大工など実戦的なワークショップを開いている。

南丹市の山間部、美山に移住して20年。「食べ物も建物も自給したい」と猟師になった藤原誉さん。大工であり、百姓でもある。

ハウスで野菜を栽培。
豪雪地帯なので間伐材で支柱を立てる。

「田歌舎」は木材を使ったセルフビルドの宿。
ログハウス風のレストランでは、
シカ肉やイノシシ肉の料理を提供する。

周囲には田んぼや畑、アイガモを飼育する池があり、食料は自給自足している。外には薪が積み上げられ、宿泊した部屋にはペレットストーブが燃えていた。屋根にはソーラーパネル。スローフードとアウトドア、そして自給的な暮らしを実践する場所でもある。

ここでは、周囲の森や川を存分に活用し、トレッキングやキャンプ、川でのラフティング、カヤックなど、さまざまな自然体験プログラムを実施している。

代表の藤原さん、スタッフの西村舞さん（29歳、110ページに登場）、新田哲也さん（31歳）は狩猟免許と猟銃の持ち主で、美山でシカやイノシシを捕獲して解体。その肉を使った料理を宿泊客に提供したり、加工・販売も行っている。まるで田舎暮らしと自然体験の〝道場〟のような場所だ。

床下で生まれた子犬に導かれ、猟師の道へ

藤原さんは、大阪府枚方市出身。学生時代に将来を思案した時、「自然のある田舎で、自給自足的な暮らしがしたい」と、森と清流に恵まれた美山町（当時）へやってきた。地元の養鶏農家や大工の一人親方の下で働きながら、農業と建築の技を身につけ、25歳で10坪の家を自力で建てた。

美山で暮らし始めた年の冬。当時住んでいた、隙間だらけの板張りの倉庫の床下で、子犬が生まれた。藤原さんはその1匹を譲り受け、育てることに。「レオ」と名付けた。

ある日、レオを連れて山を歩いていると、イノシシを追いかけ、捕まえてしまった。もともと柴犬とビーグル犬の雑種だったので、猟犬の才能が開花したのかもしれない。

「同じ犬を都会で飼っても猟犬にはならないけど、自然豊かな場所で飼っていたら、勝手になっていた感じ。とにかくレオはすごかった。もともと自給自足の生活を目指していたので、この時『あっ、自分で肉も獲れるんだ』と思いましたね」

90年代半ば、美山の森ではシカが急増していた。レオを伴い、冬の森へスキーを履いて入っていくと、次々とシカに遭遇。犬がシカを追い駆け、追い詰めると、藤原さんはナイフ1本でとどめを刺すことができた。

そうするうちに周囲から「そんなにいい犬がいるなら、猟師になった方がいい」と勧められ、狩猟免許を取得して、猟銃も所持。地元の「知井猟友会」の一員に加わった。

美山はとても雪深い場所で、冬場の猟期はけものの足跡が見つけやすい。地元では、犬の鳴き声と、山を縦走する勢子の指示、地形を知り尽くし、獲物の動きを読む「下待ち」の勘を頼りに獲物を捕らえる。無線や発信機を使わなくても、「勢子2人、下待ち4人いれば勝負ができる」という。

そうした猟には、犬だけでなく、人間にも〝野生の勘〟が必要だ。

「そんな昔ながらの猟を体験しているのは、僕らの世代が最後かもしれません」

もともと美山はイノシシが獲れる場所。ベテラン猟師にとっては肉質もよく、高値で取引されるイノシシの方が「格上」の存在だ。

一方たくさん獲れても売れないシカは、粗末に扱われがちで、やむなく埋設されることも少なくなかった。それを見た藤原さんは、

「みんな価値がないというけど、ちゃんと処理したシカ肉はうまい。狩猟者が正しく扱えば獣肉はちゃんと売れる。それをみんなに伝えていけば、きっと一生の仕事になる」

2003年5月、妻の有(ゆう)さんと、「田歌舎」を設立。研修生を募集して、今は7人のスタッフがいる。いつしか狩猟は、田歌舎の営みの大きな軸になっていた。

犬を連れて山の上へ、放つと同時に狩りが始まる。
現在飼育している4頭の猟犬は、最初に出会ったレオの子孫たちだ。

シカのハムに、シカの出汁……余さずフル活用

翌朝9時。狩猟体験の準備が進んでいた。猟場へ連れていく4頭の犬は、みなレオの子孫たちだ。甲斐犬や紀州犬など、日本犬の血が混ざっている。

本来日本の猟師は、複数の犬を飼い、そこから生まれる雑種の中から優れた犬を見い出し育てていたという。それはまた、藤原さんが「オヤジ」と慕う狩猟の師匠から教わった飼い方でもある。

「犬が犬を教える。オレたち人間が教えることはありません」

獲物を見つけて、どんどん追いかけた先に、猟銃を持った人間が先回り。猟銃を撃って獲

物を倒す。その繰り返しの中で、互いに信頼を築いていく。

出発前、犬の首輪に発信機を装着すると、その居場所を知ることができる。猟師は各自無線を携帯して、互いに連絡を取り合いながら、猟を進めていく。近年の狩猟には、こうした通信機器が欠かせない。

「海の漁師が魚群探知機を使うのと一緒です。どんなに優れた人間でも、機器を使って精度を上げている」

この日は3人の猟師が箱罠と銃で、3頭のシカを捕獲した（狩猟体験の模様は110ページを参照）。田歌舎へ戻ると、専用の処理場へ。昨年9月、藤原さんとスタッフがセルフビルドで建てたものだ。

そこではスタッフがスタンバイしていて、解体を始めた。背ロースをはじめ、各部位ごとに分けられ、そぎ落とした肉の破材やミンチも活用。午前中に猟を終えた猟犬たちは、ご褒美のシカ肉にありついている。

体験客のランチに「シカカツ」が登場した。レストランには、シカ肉を骨に巻きつけ燻製にした「鹿ぶし」も並んでいる。

「お湯で煮出して出汁をとったり、細かく刻んでサラダに振りかけてもいいんです」と、料理担当の有さんが教えてくれた。

敷地内には解体施設があり、
年間200頭を処理している。
ここも地元の廃材を使って自ら建てたもの。

シカ肉を巻いてスモークした
「鹿ぶし」は、スライスして食べたり、
スープの出汁に。

シカ肉のカバブ（下）や、自家製のパン、野菜も人気。

宿泊客には、シカ肉の「カバブ」が人気。田歌舎の宿泊施設の軒下には、もも肉の生ハムが下がっている。表面に白いカビが吹いて、美味そうだ。余すところなく捕らえたシカを活用しているのがわかる。

こうして田歌舎では、年間100頭以上を捕獲し、近隣の狩猟者からの引き取りも含めると200頭以上を処理。田歌舎のレストランで体験客や宿泊客に提供するほか、レストランや飲食店にも販売している。

〝野生の勘〟を持つ猟師は現れるのか？

2014年、藤原さんは美山で自然体験活動を実施している仲間たちと、㈱野生復帰計画を設立。「現代人が失いつつある野生を守り継いでいく」ことが目標だ。その主な事業の1つに、「簡易獣肉解体施設設置」がある。

狩猟や有害捕獲で捕らえたシカを、なんとか無駄にせず、活用したいと考える人は全国的に増えている。それには専用の解体施設が不可欠で、数千万円を投じて設立しているところもあるが、藤原さんらはもっと低額で、コンパクトに、しかも有効な施設を作るためのコンサルティングとサポートに当たっている。野生獣の解体や、買取販売などのノウハウを含めた運営全体のサポートを望む団体向けの「フルサポートコース」

（950万円〜）と、個人やグループ向けの小規模な施設を自力で建てる「セルフビルドコース」（500万円〜）がある。

藤原さんが猟を始めた頃、急増していたシカは減少傾向にあるが、一時期姿を見せなかったイノシシは、再び現れるようになった。バランスを崩した自然環境に臨機応変に対応しながら生きていかねばならないのは、動物も人間も一緒だ。

そんな中で、シカ肉の魅力を伝えることは、森の再生と、猟師の育成にもつながる。かつて藤原さんがそうだったように、森の暮らしと狩猟を入り口にして、自然の中で生きるチカラを取り戻そうと、田歌舎を訪れる若者たちが増えている。

一匹の子犬との出会いに導かれ、猟師になった藤原さん。山里で生まれ育った若者が代々受け継いできた技と文化が、途絶えそうになった時、彼のように都会からIターンしてきた人が受け止め、世に広めようとしている。

「〝野生の勘〟を備えた猟師？　そんな猟師は絶滅危惧種かもしれないけれど、おもろいヤツは飛び火してでも出てくる。そんなヤツと繋がっていけたら、またおもろい」

山里で生きる術を教えてくれた古老たちと、山里に何かを求めてやってくる若者たち。その狭間で両者をギリギリ繋ぎ止めている40〜50代の猟師たち。藤原さんは今、とても重要で「おもろい」立ち位置にある。

File 09

人間が持っている能力を最大限に生かしたい

西村舞さん（京都府南丹市）
「田歌舎」スタッフ

農家の箱罠にかかったシカを仕留める

京都府南丹市美山の「田歌舎」には、代表の藤原誉さん（100ページに登場）のほかに、2人の猟師がいる。西村舞さん（29歳）もその一人。

全国で鳥獣被害が深刻化している昨今、女性猟師が増えている。この国土に存在するシカも、罠や猟銃を携えてけものと戦う女性も、日本の歴史始まって以来、最も多くなっているのかもしれない。

1月15日の朝、田歌舎の猟師の藤原さん、西村さん、新田哲也さん、4頭の猟犬とともに「狩猟体験」に出かけた。

Profile

1986年京都府生まれ。大学卒業後、アウトドアメーカーへ就職。2012年4月、南丹市美山の田歌舎へ。14年狩猟免許を取得。野菜の栽培やアウトドアガイドとして活躍。猟期中はスタッフと出猟している。

田歌舎で働きながら狩猟の腕を磨く西村舞さん。野菜栽培の「農業部長」も務める。
愛用のニット帽には大好きなリスのワンポイントが。

軽トラの荷台に積んだ犬舎に猟犬たちを乗せ、首に発信機を装着。出猟するのがわかると、犬も人もテンションが上がる。軽トラに乗り込み、川沿いの林道を登っていくと、途中に仕掛けられた箱罠に、若いシカがかかっていた。近くに住む農家の人が仕掛けたものだ。当人はもちろん狩猟免許を所持している。

新田さんが車を降りて、罠の持ち主の名前を確認し、携帯で電話を入れる。

「1頭かかっています。仕留めてもいいですか?」

了解を取ってから、慎重に猟銃を構え、中のシカを一発で仕留めた。すぐさま西村さんと2人で血抜きをして、内臓を取り出し、林道から沢へ運んで水で冷やす。こんなふうに近隣の人が仕掛けた罠に捕まった動物の命を絶つのも、田歌舎の猟師たちの役目だ。本人の了承を得て持ち帰り、解体処理も行っている。

獣害に悩む農家が箱罠やくくり罠でけものを捕らえても、自力でとどめを刺せない高齢者にとって、田歌舎の猟師たちは心強い存在だ。それでも離れた場所には、すぐには行けないこともある。藤原さんは、「これからは1集落に1猟師、必要だ」と話していた。

息を潜めてスタンバイ。勝負は一瞬で決まる

捕らえたシカを川に浸け、さらに上流へ。この日最初の狩りが始まる。全体の段取り

とポジションを決めるのは、藤原さんだ。作戦会議を終えると、藤原さんは犬たちを連れてさらに上流へ。西村さん、新田さんは、下流の木陰でスタンバイしている。

「犬を放したぞ！」

無線から、藤原さんの声が飛ぶ。首輪に装着した発信機が、手元の受信機の画面に現在地を報せる。犬は獲物を探索中。持ち場に着いた西村さんの周囲はシーンと静まり返っている。今どこに、犬と動物たちがいるのか皆目わからない。

川下の持ち場についた西村さん。
画面で猟犬の動きを確認する。

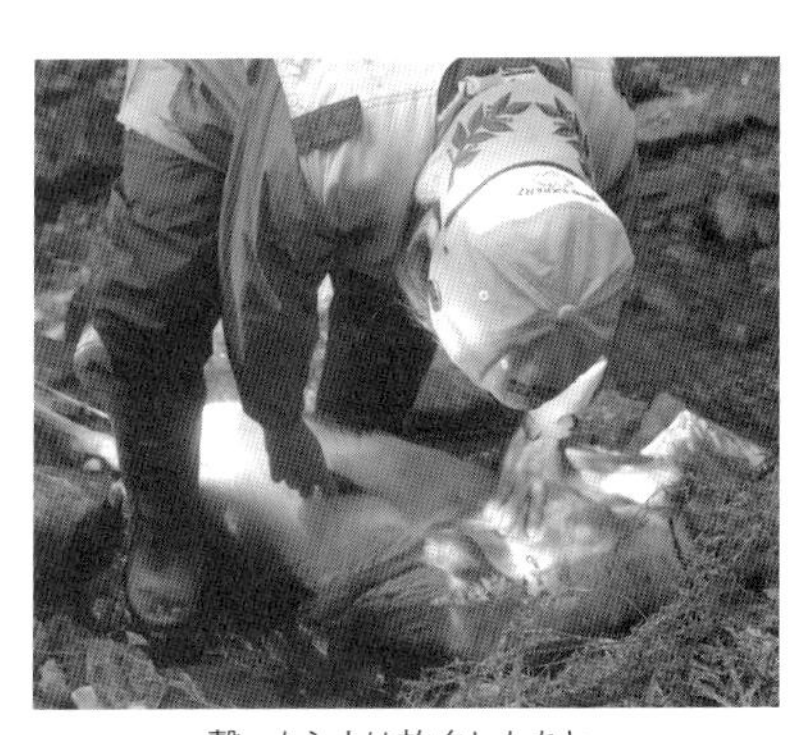

撃ったシカは放血したあと、
すぐにナイフで腹を割き、内臓を取り出す。

犬の声が近づいてきた。シカが駆け抜ける瞬間に引き金を引く。
散弾銃の破裂音は大きいが、撃っている本人は気にならない。

犬が獲物を見つけて追跡するうちに、予想外の方向へ移動することもある。

「川の向こうに行きました！」

猟銃を背負って、バシャバシャと沢を渡って向こう岸へ。大木に寄り添い、再び息を潜める。西村さんは手元の画面とにらめっこしながら、あっちへ行ったりこっちへ来たり。

時折無線で飛んでくる藤原さんと新田さんの声以外、聞こえてくるのは沢の水が流れる音だけ。それでもじっと耳を凝らして、動物たちの気配を探る。

遠くから鈴の音と、かすかに「ワンワン」と鳴き声が聞こえてきたと思った瞬間、飛ぶように駆け抜ける若いメスのシカが視界に飛び込んできた。

続いて犬たちが追いかける。すかさず西村さんが、「ダーン！」と発砲。明らかに命中したのに、シカは止まらない。失速してもなお逃げるシカのお尻の白い毛が、上下にぴょんぴょん揺れながら遠のいていく。西村さんはその後を、どんどん追いかけ再び発砲するが、まだ止まらない。

「ダーン！」

シカを倒したのは、上流で待ち構えていた藤原さんの弾だった。ほどなく放血し、内臓を抜いて川の水へ。犬を放ってから、シカを捕らえるまで、正味20分ほど。それでも木陰に身を潜めて猟銃を構え、息を潜めてじっと待つ時間は、とても長く感じた。

そして犬の気配を感じ、視界に獲物が躍り出た瞬間に発砲。ためらう間はまったくない。「勝負」は一瞬で決まる。

弾は当たった。だけど悔しい……

結局この日は、箱罠で捕らえたシカも含めて3頭を捕獲した。全部メスだった。3頭目を捕らえたのも西村さんだ。猟師になって2度目の猟期に、ここまで活躍できるなんて、すごい。お手柄だ。本人も喜んでいるのではと思ったが、なぜかとても悔しそうにしている。

「後味悪い。目の前の、あんないい位置を走っていったのに、一発で仕留められんかった……」

たしかに。最初の猟で西村さんが最初に放った弾は、シカの後ろ脚に当たって肉と骨を損傷。それでもシカは走っていた。

次の猟でも、シカは一発では倒れず、西村さんは逃げるシカを追いかけて、4発放っていた。シカの苦痛を最小限に止めるためにも、食肉としての価値を落とさないためにも、一発で仕留めることが望ましい。

だが、最初からそれができる猟師は、いったい何人いるのだろう？　猟師には、射撃場で百発百中の腕を持つ人でも、猟場で獲物と対決すると、引き金を引くのをためらう人が少なくないという。新人ハンターならなおさらだ。

クレイ射撃の皿と動物は違う。目の前を疾走するシカを撃つには、瞬時の判断力と、感情を押し殺す精神力が要求される。

西村さんが使っているのは散弾銃。発砲するとその音はかなり大きく、離れていても鼓膜の底に「ずん」と響く。耳元に銃を当てている本人はどうなのだろう？

「獲物を狙っている時は、音が大きいとは、ぜんぜん思いません。アドレナリンが出ている時は、まったく感じないみたいです」

狩猟は暮らしの中に。都会から通う方がしんどい

西村さんは、京都府出身。もともと自然が大好きで、大学卒業後、アウトドア用品メーカーに就職。各店舗が主催する自然体験ツアーの受付を担当し、時にはツアーに同行して山や川へ出かけていた。自然が好きな女性にはうってつけの職場に思えるが、就職して1年目、友人と田歌舎を訪れた時、即「ここで働こう」と決めていたそうだ。

そうして3年で退職し、田歌舎の研修生に。現在はスタッフとして、野菜を栽培する「農業部長」と、山を散策するネイチャーガイドなどを担当している。都会の暮らしやOLに未練はないのだろうか？

「人間にせっかくある能力が失われているんじゃないかな。持っている能力を最大限に生かしたい。自分で生きるチカラを身につけたかった」

西村さん自身、最初から猟師を目指していたわけではない。もともと田歌舎には、藤原さんの他に狩猟免許を持ったスタッフがいたが、独立していった。狩猟は一人でできなくはないが、短時間で成果を上げるのは難しい。動物たちは、田歌舎や近隣住民の田畑を荒らしている。「もう一人猟師がいれば……」。

そんな時、西村さんが手を挙げた。そして狩猟免許と猟銃の所持許可証を取得。狩猟

（左から）田歌舎スタッフの新田哲也さん、西村さん、代表の藤原誉さん。

に必要な散弾銃と、それを収納するガンロッカーは、引退する美山の猟師からもらい受けた。

その後、スタッフに新田さんが加わる。もともと神戸の建設会社で働くサラリーマンで、休日に丹波へ通って猟をしていたが、仕事も忙しく両立は限界に。そこで猟師を生業にしようと田歌舎で働くようになった。狩猟者としてのキャリアは、西村さんよりも長い。

都会には、OLを続けながら土日に猟場へ通う女性の週末ハンターもいる。その道は考えなかったのだろうか？

「私には無理だと思うんです。週末だけでは、なかなか技術も向上せえへんし、休みの日だけ山や川へ行って、狩猟やラフティングをする方がしんどい」

たしかに、藤原さんの指示通りに持ち場につくには、山の地名や地形を知らなければならないし、農家の罠にかかった獲物を仕留めるには、日頃から住民との付き合いも必要だ。また、腕を上げるには地元の猟師との交流も欠かせない。猟師の営みは、山の暮らしとともにある。西村さんは田歌舎で働きながら、それらを身につけてきた。

でもやっぱり体力的にしんどいのでは？　山でトイレはどうするのだろう？

「冬山は基本寒いのでしもやけになります。トイレは人それぞれ、行きたくなったらその辺で。それができん人は、猟師になろうと思わないいんじゃないかな」

月給は14万円（うち手取りは11万円）。水と食料と薪があるので、十分やっていける。基本的に農業が好き。何種類もサトイモを植えて、その違いがわかるのが楽しいという。

ただ狩猟に関しては、「未熟すぎて、ちっとも満足できない」。目指すのは、芸術家でも職人でも、名うてのハンターでもなく、ここでちゃんと暮らすこと。

「最初は未熟で何もできなかった自分が美山へ来て、農業や狩猟に取り組んでいる姿を見て、次の若い子たちが、後へ続いてくれるといいな」

美山に移り住んで4年。栽培や狩猟を通して、着々と「生きていくチカラ」を身につけている。

一度殺したシカを二度殺したくはありません

小野寺(おのでら) 望(のぞむ)さん（宮城県石巻市）

宮城・牡鹿半島、シカの解体ワークショップ

猟師の小野寺望さん（48歳）に初めて会ったのは、宮城県で被災地の取材を続けていた2014年の11月16日。石巻市の万石浦(まんごくうら)近くにある小さな集会所で開かれた「牡鹿で鹿を食べるプロジェクト」だった。

目の前のブルーシートの上に、前日に牡鹿半島で仕留められたシカの亡骸が横たわっている。迷彩柄のハンタースーツというでたちで、ナイフを取り出し、解体のワークショップを始めようとする時、小野寺さんは参加者に向けて、こう話した。

「一度殺したシカを、二度殺したくはないんです」

Profile
1967年宮城県生まれ。フランス料理店や制作会社に勤務。30歳から狩猟の道へ。石巻市の猟友会に所属し、狩猟と有害捕獲に携わる。宮城や福島の料理人と連携して、食のイベントやツアーを実施している。

石巻市で「食猟師」として活躍している小野寺望さん。
野生獣肉を使った食のイベントやツアーを開催する。

昨日まで山の中を駆け回っていたこのシカを撃ち、命を絶ったのは、紛れもなく小野寺さんだ。「一度殺したシカを二度殺す」とは、いったいどういうことだろう?

肉を大事にする仕留め方にもこだわりが

宮城県の太平洋に突き出た牡鹿半島。石巻市と女川町周辺では、ここ10年ほどの間に、急激にシカが増えている。県は「年間1200頭捕獲せよ」と目標を掲げていて、小野寺さんとその仲間の猟師たちは、この年の3月から10月末までに500頭を捕獲したという。

解体のワークショップ。前日に牡鹿半島で捕獲した２頭のシカが運び込まれ、森で起きている出来事を解説しながら解体を進める。

「牡鹿半島に、そんなにシカがいたとは」「そんなに殺さなくちゃいけないなんて……」。参加者の誰もがショックを受けていた。

「捕獲は巻き狩りが主体。出猟した80日間で５００頭獲るのは、かなりの労力を要します。石巻のシカ撃ちは、スナイパー顔負けのプロフェッショナル集団。僕もその中で揉まれています」

巻き狩りのチームで、40代の小野寺さんは最年少。鳥獣害の止まない昨今、より多く撃つことが求められるが、1頭仕留めるにもこだわりがある。

「肉を大事にするのであれば、頸と頭を狙うのが理想的ですが、全速力で走るシカを一発で仕留めるには、前胸部。

肺を狙って撃ちました」

そこを撃つと臓器を傷めず、肉を汚さずに解体できるからだ。撃たれる直前まで、全速力で疾走していたシカは、倒れても体が火照ってなかなか体温が下がらない。

腹を割くと、「冬場に5～6時間経ってもまだ湯気が出ている」ほど。撃ったら3分以内に血抜きして、その5分後には内臓を抜いて沢の水に浸ける。

それをやらずに放置すると、体温で肉が蒸れて、「弾力とハリのないベローンとした肉」になるという。

「肉をダメにすることは、一度殺したシカをもう一度殺すこと。なんとか二度目はちゃんと生かしたい」

この日は、仙台市のイタリアンレストラン「アル・フィオーレ」（当時）の目黒浩敬さんを中心に、宮城県と福島県から集まった4人の料理人が、小野寺さんのシカ肉を料理して参加者に提供した。

シカのパテ、コンソメスープ、手打ちパスタにロースト……。シカが急増する牡鹿の森。夏も犬を連れて出動するハンターたち。撃ったらすぐさま処理されて、料理人に届けられるシカ肉。

誰もがそんな「命のつながり」を、噛みしめていた。

シカの骨から取れる出汁を生かしたコンソメ
（料理：「アル・フィオーレ」目黒浩敬）。

手打ちパスタとシカ肉のラグー（煮込み）。
（料理：「ラ・セルヴァティカ」安齊朋大）

軟らかなシカ肉のロースト
（料理：「オステリア・デッレ・ジョイエ」梅田勝美）。

肉の端材を使って作られた、シカ肉のシャルキュトリー
（料理：「アポロン」平直人）。

立ち枯れた木々の墓場を、疾走するシカの群れ

そんな小野寺さんは、どんな場所で猟をしているのだろう？　2015年6月22日、改めて石巻を訪れた。現場は牡鹿半島の付け根の部分。小野寺さんの愛車ジムニーで、林道をガタガタと進んでいくと、ほどなく、

「ほら、あそこにシカがいるでしょう？」

指差す彼方に茶色い2つの影が見えた。ニホンジカだ。静止したまま、こちらを見ている。

「キュン」「キュン」

森に甲高い声が響く。

「シカの警戒音です。仲間に怪しいヤツが来たと知らせている。車から降りると逃げますよ」

まさか、昼間から車に乗ったまま、野生のシカの姿が見られるとは思いもしなかった。周囲を見回すと、山林の荒廃ぶりが痛々しい。何年も人の手が入らないまま放置された杉の木が風倒木となり、無残な姿で横たわっている。そこがシカたちの寝ぐらになっているらしい。後から苗木を植えても、軟らかいうちに食い尽くされてしまう。

地面から生えているのは、不気味な姿のマムシグサやワラビ、サンショウなど、限られた植物だけだ。

「シカも食べない、毒のある草ばかりです」

林道を進んでいくと、正面にシカの母子が2頭で悠然と寝そべっている。車が近づいて、やっと逃げていった。

今度は車を降りてそーっと歩いてみる。山の斜面には立ち枯れて、まるで白骨化したような巨木が何本も並んでいる。中には力尽き、横倒しになり根があらわになっているものも。まるで木々の墓場だ。

見晴らしのよい彼方の斜面に沿って、大きな角を振りかざしオスジカが悠々と横切っていった。1頭飛び出すと、後続のシカたちが白い尾をこちらへ向け、跳躍しながら駆けていく。

「1、2、3、4、5頭……まだいるはずです」

我々の気配を察して逃走するシカのほかに、見えない場所にこの春生まれた子ジカがいる。まだ幼くて一緒に逃げることができないので、草むらや木の影にじっと潜んで、親が戻ってくるのを待っているという。半島の付け根を散策した約1時間の間に、50頭近くのシカを見た。いったいこの半島全体に、何頭のシカがいるのだろう？

小野寺さんが指差す先に、斜面を駆けていくシカの姿が見えた。
周囲には枯れた杉の切り株が亡骸のように残されている。

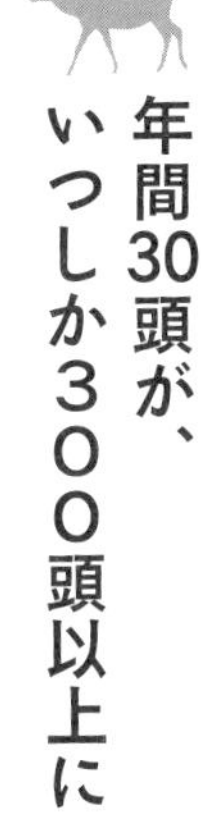

年間30頭が、いつしか３００頭以上に

小野寺さんは宮城県の気仙沼市出身。料理人を目指し、東京のフランス料理店で働いた時期もある。

その後、仙台市の制作会社へ。勤務先の社長は狩猟が趣味だったので、狩猟に関心を抱くようになり、30歳で狩猟免許を取得した。最初に撃ったのは、社長のお供で行った北海道のエゾシカだった。

後に宮城県猟友会の石巻支部に所属して、地元の猟師と巻き狩りに参加するようになる。小野寺さん自身、狩猟を通して動物たちから学んだことは大きい。

「けものたちは、生きることに貪欲で、弾を

食らっても、全力で逃げます。死ぬことがわかっていても決して諦めない。その健気さはハンパじゃない。人間も見習うべきです。撃ち方が悪くて、致命傷を与えられなくて、僕の前から逃げて逃げて、『もうこれ以上苦しまないでくれ』って、半べそかきながら仕留めたことも何度もあります」

小野寺さんが狩猟免許を取った頃、巻き狩りのグループは1シーズンに30頭獲れば「すごい」といわれたそうだ。ところが、いつしかそれが60頭、100頭になり、300頭を超えるまでに。

なぜシカは、こんなに急激に増えてしまったのだろう？　地球温暖化？　オオカミがいなくなったから？　さまざまな意見があるが、小野寺さんは「すべて人間のせい」だと考えている。

戦後、林野庁は、拡大造林と称して建材としての杉の苗を牡鹿半島に植林した。ところが安価な外材に押されて国産材が売れなくなると、森は放置されて風倒木が増え、シカの寝ぐらを増やす結果を招いた。

すべてを「売れる・売れない」を優先させて判断してきた結果、森の生態系が大きく崩れてしまったのだ。

最初の頃は、仕留めたシカを料理して知人や仲間に振る舞うのが楽しみだった。しかし、シカが急激に増える一方で、猟師は高齢化が進んで人数も減っているのに、獣害対策は猟師の腕が頼り。本来狩猟は楽しみで、肉も大事に食べていたのに、あまりに数が多すぎて大部分が埋設処分されてしまう。

小野寺さんは9年前に会社を辞めて、狩猟優先の生活に。冬の猟期の巻き狩りや単独猟以外も有害鳥獣捕獲のために山へ入るが、夏の巻き狩りは極めて過酷で、猟師は下着までびしょ濡れ。暑さに弱い犬たちは、それでも任務を果たそうと走り続け、熱中症で死んでしまったこともある。牡鹿半島の生態系が崩れたことが、シカと犬と猟師たちに、大きな負担となってのしかかっている。

ツアーの参加者に、
「オスジカは角を磨いて
カッコよく見せるんです」と解説。

カモのさばきかた講座。胸の羽を
むしり、内臓を一気に取り出す。

全国のシェフを唸らせるシカ肉を

東日本大震災直後、石巻市周辺は大混乱の状態だった。被災者の支援に奔走していた小野寺さんは、震災前からのつき合いで、仙台から何度も炊き出しに通っていた料理人の目黒さんや、東京から何度もやってきて、被災者に料理を提供しているNPO法人「被災地支援団体あおぞらん」のシェフたちと知り合った。

シカをただ殺して埋めるだけでは、猟師もつらい。小野寺さんは巻き狩りの仲間たちの了承を得て、仕留めた中から数頭を選び出し、適切に処理したシカ肉を、料理人へのお礼代わりに「プレゼント」するようになった。

正式な加工場がないので、販売することはできない。震災以降、原発事故の影響も懸念されたが、定期的に検査に出した結果、石巻周辺で捕獲されたシカから基準値を超える放射性セシウムは検出されていない。

「シカ肉は料理人を選ぶんです。プロなら誰でも美味しくできるわけじゃない」

震災から5年が過ぎ、地道に活動してきた小野寺さんと共に、食のイベントや牡鹿の森を散策するツアーを開催するシェフや、「猟師になりたい」と志願する若者も現れている。

5月に開かれた牡鹿の森散策ツアーの参加者と。
小野寺さん（後列左端）は「狩猟と森の先生」だ。

その後、料理人の目黒さんは川崎町に農場を設立して、ブドウの栽培とワインの醸造を始めた。小野寺さんは、目黒さんと協力して石巻市に加工場を立ち上げる。

「ただシカを解体処理するだけでなく、テストキッチンをつけて、シカ肉について学べる場所にしていきたい」

シカ肉はもちろん、山菜や野草、木の実、牡蠣やホヤの養殖棚につくムール貝、市場に出荷されない雑魚など、周辺に生かせる食材はまだまだある。

「山や海を散策しながら、じかに触れ、調理して、食べるまでを体験して、循環する生態系の意味や役割を感じてもらえるように」

猟師は、私たちに命のつながりをリアルに伝えてくれる「森の案内人」なのだ。

File 11

狩猟の世界は山とけものと犬が師匠です

羽田健志さんと山梨県猟友会青年部の仲間たち（山梨県全域）

元自衛官からママさん猟師まで。多彩な人材

山梨県猟友会青年部。2月20日、富士吉田市の料理店「鹿邦」で開かれたメンバーの親睦会に参加した。

山梨市の平井雄一朗さんは、6年前に新規就農したモモ農家。

「シカ、イノシシ、ハクビシン。畑の被害がひどいんです。退治したくても、狩猟免許がなければダメだといわれて、資格を取りました」

竹田千尋さん（30歳）は、山梨県庁の職員。学生時代は野生動物の研究、大学院では北海道でエゾシカを捕獲して行動調査もしていた。

Profile
1972年山梨県生まれ。拾った犬に導かれ、手製の道具で狩猟の道へ。のちに狩猟免許と銃猟免許を取得。2013年山梨県全域の若手猟師が集まる（一社）山梨県猟友会青年部を設立し、部長に就任。若手猟師の育成に尽力している。

山梨県猟友会に青年部を創設、自ら部長を務める羽田健志さん。
「犬が師匠」で、猪犬のトレーナーとしても活躍している。

「動物が好き。だけど撃たなければ。学生時代はそんな意識が強かったです。でも今は、みんなで作戦を立てて、動物たちの行動を読んで、終わったら反省会……そんな猟自体が楽しいんです」

池戸浩気（ひろき）さんは21歳。岐阜県郡上市出身で高校卒業後、自衛隊へ。根っからのアーミーマニアでもある。

「父も猟師で、子どもの頃から解体を手伝っていました。自衛隊にいた頃から銃を扱っていましたが、当時はひたすら的撃ち。できれば狩猟を仕事にしたい」

と、山梨県都留市（つるし）の「合同会社プロテクトJ」へ就職。獣害対策のフェンスの施工などを請け負っている。池戸さんは、猟期になると出勤前に鳥撃ちに出る。

「獲物はカモとキジ。風呂場のでかいバケツに入れて羽をむしって、冷凍して食べます」

そんな狩猟漫画『山賊ダイアリー』さながらの日々を送っているらしい。

勝俣麻里加さん（26歳）は、ママさん猟師。夫の邦広さん（42歳）も猟師で、富士吉田市で親睦会の会場でもある料理屋「鹿邦」を経営している。昨年10月に長男の尊（たける）ちゃん（4カ月）が産まれたばかりだが、産後2カ月で夫婦そろって出猟した。

「久しぶりに山を歩いたら、なんか身体が違ってました。でも歩けるぞ。自分で獲物を仕留めたことは……まだないんですよー」

（左から）渡邉稔也さん、羽田さん、石井誠人さん。
ともにベテラン猟師で青年部の幹部。

まだ新米猟師の麻里加さん。それでも周囲の理解と協力を得て、「妻になっても、母になっても猟師」の道を歩み始めている。ここまでが、新人メンバー。

ベテランの「幹部」たちも猟の入り口は様々

都留市の石井誠人さん（50歳）は、もともと地元で寿司屋を経営。自分で捕まえたシカやイノシシ肉の料理を出していたが、地元で鳥獣害が深刻化するにつれ、「これを仕事にしよう」と「プロテクトJ」を設立。若手猟師・池戸さん（前出）の上司でもある。

麻里加さんの夫の邦広さん（前出）も料理人。二人は青年部の活動を通して知り合った。店の隣の敷地に解体や加工のできる加工場を建てて、一般の消費者にも食べやすい形で獣肉を販売していこうと考えている。

市川三郷町の渡邉稔也(としや)さん(45歳)は、自動車部品関係の会社に勤めるサラリーマン。30歳で猟師になり、地元の「おんちゃん猟師」にシゴかれながら腕を磨いてきた。射撃の名手で、若者たちのよき相談相手でもある。

そして、部長の羽田健志さん(43歳)。山中湖村の職員であり、山梨県の猟友会に日本初の「青年部」を作った人物だ。現在メンバーは46名。出猟する際は、みんなの司令塔を務める。

進まぬ世代交代。使えぬ狩猟免許

では、そもそもなぜ山梨県に、日本初の青年部が立ち上がったのだろう?

環境省の調査によれば、1975年の狩猟免許所持者は51万8000人。これに対して2013年は18万5000人。50年前の約3分の1に減っているうえ、その66%を60歳以上が占めている。若手猟師の育成が急務といわれるが、スムーズに世代交代が進んでいないのが現状だ。

また、日本には「大日本猟友会」という組織があり、10万5384人の会員が所属している(2015年度)。

都道府県や各市町村単位で支部があり、新米猟師は地元のグループに所属して、先輩猟師に鍛えられ、狩猟の技を身につけていくのが従来のやり方だった。

しかし今、山里に生まれ育った若者が、親や身近な猟師の姿を見て育ち、自分もまた猟師に……という自然な流れが寸断されている。

その一方で、大学で野生動物の生態や自然環境を学んだり、ネットやメディアの情報から狩猟の世界に興味を抱く若者が増えているが、彼らは身近に猟師がいない。狩猟免許を取得しても「誰に相談すればいいのかわからない」「一人で猟に出ても、何も捕まらない」と嘆く声も聞く。

山梨県内の猟師仲間が集まって「青年部」を設立

「せっかく狩猟に関心を持ったのに、活躍できない若者が増えている」

そんな現状を肌身で感じていた羽田さんは、山梨県内で活躍する仲間たちに声をかけ、2013年10月26日、20〜40代で構成される「青年部」を設立した。前出の平井さん、竹田さん、麻里加さんは、羽田さんの声かけで青年部に加わっている。

通常狩猟グループは、地域ごとに活動する。メンバー間で、その土地の山や地形や地名、獣道のありかや生態など、共通認識がなければグループ猟は成立しないからだ。

ところが「青年部」は、山梨県全域からメンバーが集まり、一斉に猟をするという。いったいどんな猟をするのだろう?

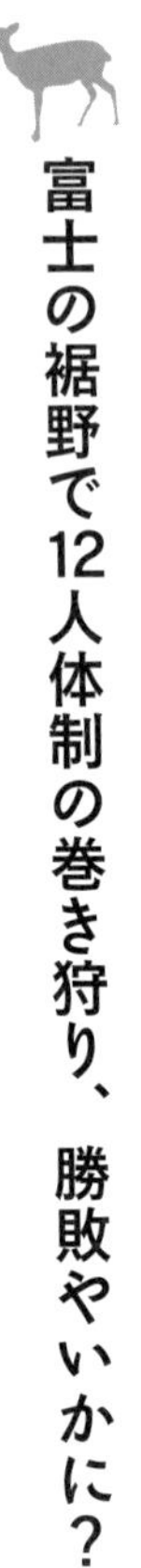

富士の裾野で12人体制の巻き狩り、勝敗やいかに?

空は快晴。眼前には真っ白な雪をいただいた大きな富士山が望める。その裾野に広がる広大な原野が、活動場所だ。

この日のメンバーは、地元猟友会のベテラン猟師3人と青年部9人の、合わせて12人。各自が無線機を持ち、受信状態をチェック。ベテランが作戦を練り、3つの班に分かれて行動する。

班に分かれたら、持ち場の「見切り」を行う。見切りとは、巻き狩りを行う前に、包囲しようとする範囲に獲物がいるかどうかを判別する作業だ。

この日はまだ雪が残っていたので、けものの足跡がくっきりと残っていた。

「うーん、これは古いな」

と、ベテランの石井さん。その形や痕跡から、いつ頃、どっちへ向かって、どんなスピードで駆けていったのか予測する。見切りを終えて再び集合。ベテラン勢が集まって作戦会議を開いて配置を考える。

出猟前にベテラン勢が作戦会議。
メンバーは各自で無線機の受信状態をチェックする。

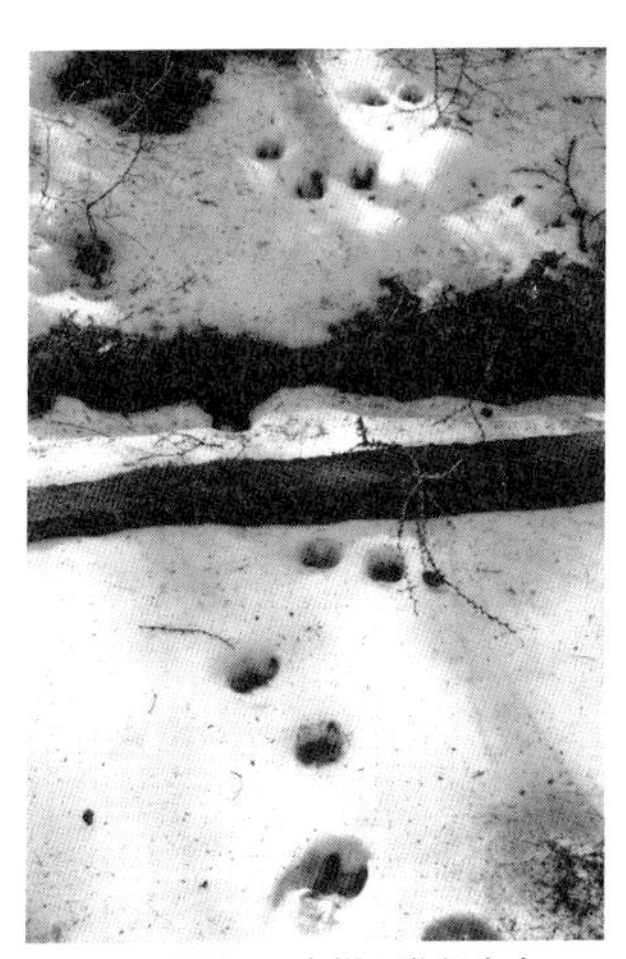

シカの足跡から歩幅や進行方向、
通った時間などを読み解く。

けものたちの足跡をたどって
「見切り」を始める羽田さん。

山中湖を見下ろす広大な原野にタツを張る。
大人数で行う巻き狩りは集団戦かつ頭脳戦だ。

「シカの足跡があった」

すぐにそれぞれが間隔を開けて持ち場につく。聞こえるのは、風の音、近くの高速道路を走る車の音、そして無線から響く羽田さんの声だ。

「犬、おっぱなしたぞ！」

一同に緊張が走る。猟犬たちには首に発信機がついていて、動向は司令塔の羽田さんだけが把握している。犬が獲物を追い始めて、予想外の方向へ動く場合もある。持ち場についたタツマ（射ち手）には、犬や獲物の動きは見えない。無線から届く羽田さんの声だけが頼りだ。

「タツマの方へ移動したぞ！」

でも、その姿は見えない。いつの間にかタツマの間を抜けてしまったようだ。勝負はシカの勝ち。再度、持ち場を歩いて足跡を確認。なぜ捕らえられなかったのか、各自が検証する。

巻き狩り第2ラウンド、山中湖畔の葦原へ

お昼を挟んで別の猟場へ。山中湖を見下ろす原野で、一面に枯れた葦原が広がっている。今度は「タツを張る」エリアが広い。車で移動しながら、一人、また一人と撃ち手を下ろして場所を決めていく。

犬とともに獲物を追い立てるのが「勢子(せこ)」。この最もハードな役回りを、羽田さんと邦広さんが務める。移動しながら、石井さんと話した。

「今日は誰が撃つんでしょう？　浩気くんかな、麻里加さんかな？」

「そうだな。麻里加ちゃんに、撃たしてやりてえなあ」

そういえば、彼女はまだ自分で獲物を仕留めたことがないといっていた。新人がスタンバイする場所に獲物を追い込んで、獲物を撃たせ、自信をつけさせる。それもまた先輩たちの役目。巻き狩りは集団戦で頭脳戦。若手猟師を育成しながら、けものたちと戦っている。

再び犬を放してスタート。木の陰で様子を伺う。

今度はエリアが広いので、隣の猟師の姿も見えない。無線の中で勢子の羽田さんと、邦広さんが交信している。

はるか彼方で、犬がつけた鈴の音が「シャンシャン」と鳴っている。どっちへ来るのだろう？　ドキドキしながら待っていたが、獲物はまたも猟師たちの包囲網を駆け抜けていった。

コースを予測して先回り。イノシシを撃つ！

時計は14時30分を回っていた。日没までチャンスはあと一度きり。山裾の林へ移動して再びタツを張る。無線からタツマの位置を指示する羽田さんの声が聞こえてくる。

「赤くて太い松の前」

「笹藪の切れたとこ」

「太い杉のところから50mくらい下」

たしかにそこには、言われた通りの木や石、草がある。離れているのに、まるで現場が見えているかのようだ。方角を指す時は、「東西南北」とか「富士山の方」とか、初めての人間にもわかる言葉で、具体的に指令を飛ばす。

キャリアも普段の猟場も異なる人間が集まって巻き狩りに臨めるのは、羽田さんが木や石や地形を熟知した上で、各自に的確に指令を伝えているからだ。

猟師の頭の中はシミュレーションの積み重ね。姿は見えなくても、無線や犬の声や鈴の音から、獲物の位置を推察してその動きを先読みする。現場にいる猟師全員の頭の中に、まったく同じイメージの地図が描かれた時、猟の成功率は、高まる。

今度は狭いエリアを12人総がかりで取り囲み、犬も全部放して獲物を追った。羽田さんの声が飛ぶ。


首輪に発信機を装着した猟犬を放つ。

勢子は犬の動きを見ながら獲物を追い立てる。

料理人の勝俣邦広さんは、
妻の麻里加さんと夫婦で出猟。

捕らえたイノシシにロープをかけて、みんなで引っ張る。
獲物を仕留めたのは「勢子」の羽田さんだった。

「マーくん、そっちへ行ったぞ！」

　それからほどなくして、「パーン！」。銃声が響いた。真っ黒な毛に覆われたメスのイノシシを捕らえたのは、羽田さんの銃だった。

「さすが、オレ(笑)」

　リーダーは、射撃の名手でもある。

　青年部で出猟する時は、シカを捕獲することが多いが、今回はイノシシだったので、一同は倒れたイノシシの周りに集まり、おおいに盛り上がっていた。よく見ると、お尻に大きな「×」の傷がある。

「半矢の弾が尻をカスって、それでも生き伸びていたんだな」

　さっそく若手のメンバーが、四肢にロープをくくりつけ、トラックまで牽引する。これから邦広さんの「鹿邦」へ運んで解体するのだ。

後から羽田さんに聞いてみた。

「イノシシは、若手のマーくんの方へ行ったのでは？」

「彼のコースを外れたのがわかったから、誰もいない場所へ先回りして、イノシシの逃走経路を読んで撃ちました」

なんという洞察力と運動能力、そして射撃力だろう。そんな頼もしいリーダーの羽田さんは、どうやって猟師になったのだろうか？

犬とナタ、手づくりの槍でけものと闘う

羽田さんは、山中湖村生まれだが、もともと猟師の家ではない。子どもの頃から山へ行くのが好きで、狩猟を始めるきっかけは「犬」との出会いだった。

「最初は弟がパチンコ屋の駐車場で拾ってきた9kgぐらいの雑種。それから村役場の野犬捕獲のオリにかかったジャーマンシェパードでした」

それが22歳の頃。犬を連れて山を歩くうち、イノシシと遭遇するようになる。捕まえようとするが、根っから猟犬の血筋ではないので、なかなか捕まらない。

「どうやって捕まえよう？　いろいろ考えて、最初はナタ、それから手製の槍で闘っていました」

猟を終えて、みんなで記念撮影。この日のメンバーは
山梨県猟友会3名と青年部9名の総勢12名（前列中央が羽田さん）。
力を合わせて獲物を捕らえた達成感、みんないい笑顔だ。

狩猟といえば、罠や猟銃ありきでスタートする人がほとんどだが、羽田さんの場合は、犬とナタ、槍という装備で、イノシシや、時にはクマとも闘っていたというからオドロキである。最初の5年間は山で犬と目的を同じくして獲物を探して捕らえることで、狩猟の技を身につけてきた。

ある時、イノシシと遭遇して闘っていたら、先に自分が負傷して動けなくなった。それでも犬は必死で闘っている。もうダメだと思った瞬間、「ここで鉄砲があれば」と思った。こうして27歳で狩猟免許を取得。

「師匠は、山とけものと犬ですね」

その後、猟友会に所属して犬を連れての単独猟の傍ら「おんちゃん」猟師たちと一緒に出猟するようになる。年配の猟師が酒を飲むとケンカが始まり、メンバーが抜けたり、分裂したり……そんな様を何度も見てきた。だから、青年部は「ケンカ禁止」なのだ。

「単なる捕獲者ではなく、猟師を育てたい」

それが青年部を作る本当の目的だった。

猟師＝単なる捕獲者ではない

山中湖周辺でも、ここ10年の間にシカによる被害が増えていて、有害捕獲のために出動する機会も多い。行政は予算をつけて、とにかくシカやイノシシをたくさん捕獲しようとしている。

単に数多く野生獣を撃ち殺せば、優れた猟師なのだろうか？

「動物を、ただ撃ち殺すのが楽しい。そんな人間に猟をやる資格はない」

と羽田さんはきっぱり。それでも狩猟そのものが好きでなければ、猟師は続けられないという。それって、どこか矛盾していないか？　前の晩の懇親会で、ベテラン猟師たちがこんな話をしていた。

稔也「猟を始めた頃、イノシシを撃ったら、その後に小さな子どもが3頭ウロウロしてたんですよ。ああこの寒空の下、親子でいたのに母親を撃ってしまった。ものすごく苛まれて、一時期無口になりました」

邦広「やっぱりね。シカの親子を撃つ時は葛藤がある。母ジカを撃つと、子ジカはばーっと逃げるけど、ずっと側で見ている。そのままではどうせ生きていけないから、転ばして（仕留めて）あげないと」

羽田「オレは一切憐憫の情は持たない。かわいそうって気持ちは、全部ありがとうって、感謝の気持ちに変換する。こいつらの命を喰らってオレも生きる。人間は他者の命を奪わなければ生きられない。それがこの地球のルールだから、しょうがない」

野生獣でも家畜でも魚でも、野菜でも果物でも穀物でも、我々は他者の命を奪って生きている。しかも、その命を奪う行為を誰かに委ねて。猟師とはその運命に目をそらさずに向き合って、自らけものたちと命のやりとりを続ける人たちなのかもしれない。

「動物が好きなのに、殺さざるを得ない。猟にのめり込むほど、その矛盾と葛藤に苛まれる」

ベテランですらその矛盾と葛藤はついて回るのだから、新人はなおのこと。初めて獲物を仕留めた時、猟銃を抱えてガタガタ震えている人も少なくないそうだ。

その葛藤を一人で抱え込むのはしんどい。だから仲間が必要なのだ。若手猟師を技術面はもとより、精神面でフォローするためにも、懇親会は欠かせない。

狩猟から学んだことは、社会に出ても役立つ

もともと猟師の子弟でもなく、独学で狩猟技術を身につけてきた羽田さん。封建的な猟師の世界で、古老たちのプレッシャーを押しのけて青年部を作れたのはなぜだろう？

邦広「それは、健志さんはモノ（獲物）が獲れるからですよ」

猟師は実力第一。たしかにシカやイノシシには、カネもコネも通用しない。それは猟

師の人間関係でも一緒だ。

羽田「獲物を獲るにも、人間関係でも、努力が報われる世界。それが社会に出ても還元できる。狩猟の世界で学んだことは、絶対ムダになりません」

山梨県中から若手が集まり、みなで狩猟技術と人間性を高め合う「青年部」。羽田部長の指令のもと、日本で狩猟が始まって以来、まだ誰も歩んだことのない道を、歩き始めている。

猟犬たちも大興奮！

イノシシの解体に奮闘する池戸浩気さん。
羽田さんたちベテランは傍らで見守る。

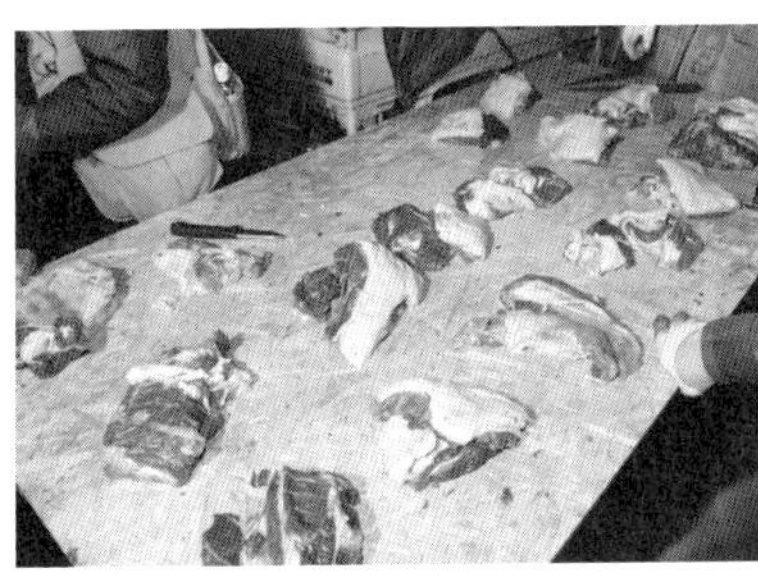
獲物はみんなで等分する。
暗くなっても解体作業は続いた。

Column データで見る国内の狩猟事情①

全国の狩猟者数の推移は？

現在、日本国内において狩猟免許を所持する人はどのくらいいるのでしょうか？　下のグラフは、環境省の統計調査による全国の狩猟者数の推移を表したものです。

平成25年（2013年）の狩猟免許所持者数は、およそ18万5000人。昭和50年（1975年）の51万8000人と比較すると、約40年間に3分の1近くまで減少しています。さらに年齢別に見ると、昭和50年代には20～30代の狩猟者が約半数を占めていましたが、10年ほど前からは60歳以上が半数以上を占めるようになり、全国的に狩猟者の高齢化が進んでいることがわかります。

ただ近年は、狩猟者の数はほぼ横ばい状態。わずかながら、20代、30代の若い人が狩猟免許を取得するケースは増えているようです。

全国における狩猟免許所持者数（年齢別）の推移

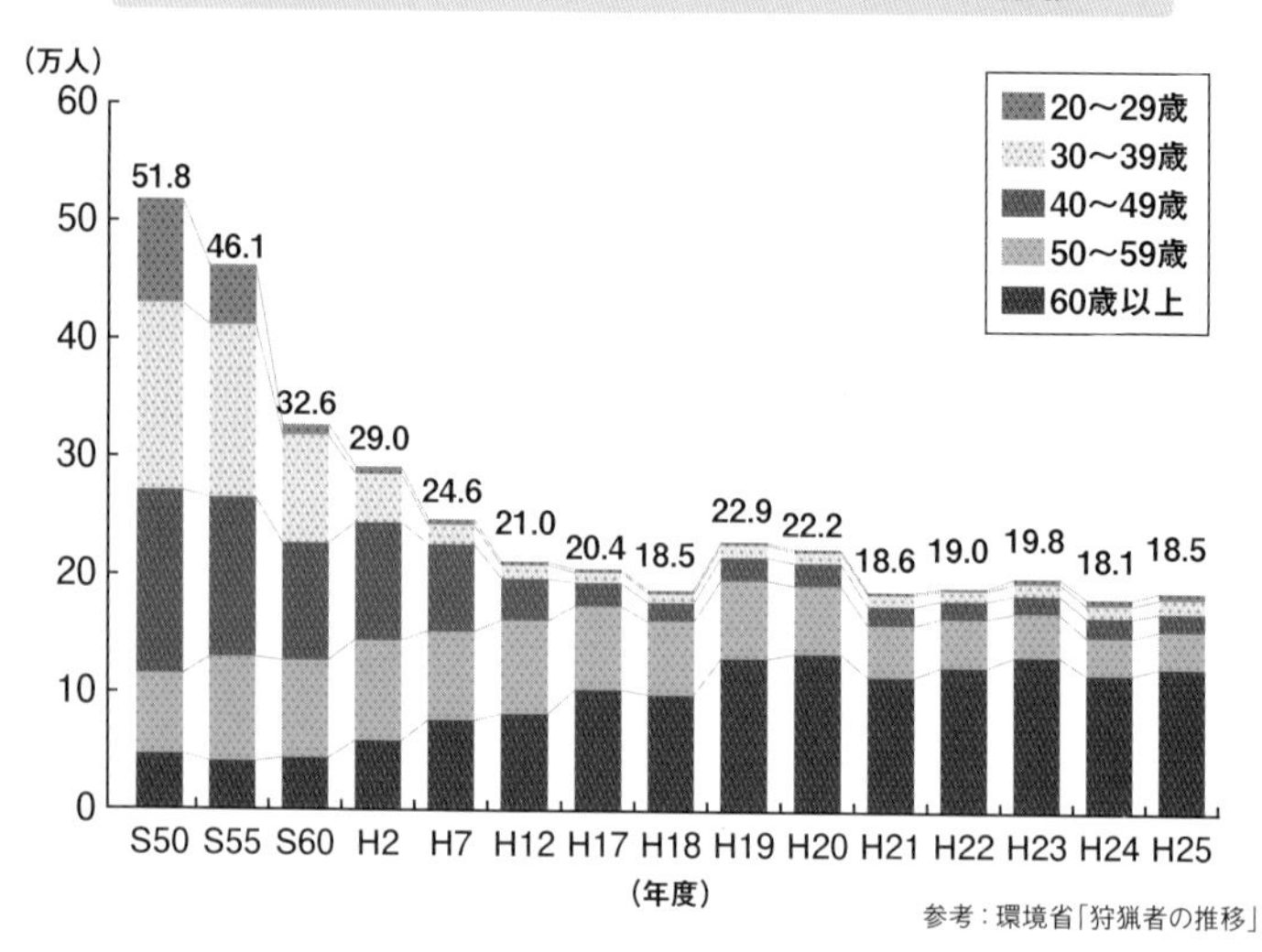

参考：環境省「狩猟者の推移」

情報編

狩猟を始める前に知っておくこと

狩猟者（ハンター）になるまで ～手続きと諸経費～

1.「狩猟」という営み

狩猟を行う目的は、①趣味として楽しむ、②自然資源の持続的利用、③農林水産業被害の予防、④日本の在来種の保護など、人によって異なる。

それでも狩猟は危険を伴う行為であり、鳥獣保護法、銃刀法、火薬類取締法、地方税法、電波法、食品衛生法などの法令に基づくルールやマナーを守り、安全に行うことが求められる。

■狩猟のスタイル

・**空気銃猟**／別名エアライフル。空気圧で弾を発射し、中距離にとまった鳥類等を捕獲。初心者に好まれる。

・**装薬銃猟**／散弾銃、別名ショットガンは、小粒の散弾の詰まった銃弾を発射する。単独猟や集団の巻き狩りに使用。イノシシやシカなど大物も捕獲できる。射程距離の長いライフル銃の所持には、10年以上の経験が必要。

・**罠猟**／動物の痕跡を分析して仕掛ける。主に箱罠とくくり罠がある。有害鳥獣捕獲に用いられる。

・**網猟**／動物の習性を利用して、獲物をおびき寄せる。絡め取った獲物を、生きたまま捕獲できる。

■捕獲の種類と時期

一般的に狩猟は一年中行えると思われがちだが、

実際は、冬場の3カ月に限定され、それ以外の時期は「有害鳥獣捕獲」「個体数調整」として捕獲している。

・**狩猟**／狩猟期間中に、法定猟法により狩猟鳥獣の捕獲等を行うこと。狩猟免許と狩猟者登録が必要である。48種（鳥類のひなを除く）の狩猟鳥獣が対象。狩猟期間は北海道以外の都府県は11月15日〜2月15日まで。北海道では10月1日〜1月31日まで（地域により異なる場合もあるので、各都道府県の鳥獣行政機関等に確認すること）。

・**有害鳥獣捕獲**／農林水産業または生態系等にかかわる被害を防止する目的で鳥獣等の捕獲を行うこと。場合によっては狩猟鳥獣以外の鳥獣も捕獲可能で、管轄している都道府県や市町村に許可申請が必要。認可された期間であれば、年中可能。原則として狩猟免許を受けた者が行う。

・**個体数調整**／特定鳥獣保護管理計画に基づいて、地域個体群を長期的、安定的に維持するために行う。管轄の都道府県や市町村に許可申請が必要で、原則として狩猟免許を受けた者が行う。

かつて生業や趣味、レジャーとして狩猟をしていた人たちは、冬場の猟期に狩猟を行っていたが、シカやイノシシ等による農作物への被害が激増している昨今、「有害鳥獣捕獲」のために、一年中出猟している猟師も少なくない。

2. 狩猟免許の取得について

狩猟をするためには、まず住所地の都道府県知事が行う狩猟免許試験に合格し、狩猟免許を取得することが必要だ。

狩猟免許は、猟具の種類に応じて、網猟、罠猟、第一種銃猟（ライフル銃・散弾銃、空気銃）、第二種銃猟（空気銃）の4種がある。

狩猟免許試験は、免許の種類ごとに各都道府県において毎年複数回実施されていて、各都道府県によって日程や回数が異なる。

受験資格は、年齢満20歳以上（網猟及び罠猟は満18歳以上）で、法律に定める欠格事由に該当しないことが求められる。

□**受験時に必要なもの**

①狩猟免許申請書（各都道府県のホームページよりダウンロードできる）

②医師の診断書（統合失調症、そううつ病、てんかん、麻薬や覚せい剤の中毒者でないことを証明するもの）または猟銃・空気銃所持許可証の写し（既に所持している場合）

③写真（縦3㎝×横2・4㎝）

④狩猟免許申請手数料　免許1種類につき5200円（既に他の種類の狩猟免許を有している場合は3900円）。

■狩猟免許試験の内容

・**知識試験**／法令や狩猟免許制度、猟具の種類や取り扱い、狩猟鳥獣、個体数管理、鳥獣の保護管理に関する知識が問われる。計30問、制限時間90分、正答率70％以上で合格。

・**適性試験**／罠猟・網猟の場合、両眼0・5以上、第一種、第二種銃猟の場合、両眼0・7、片眼0・3以上であること。10mの距離で90デシベルの警音器の音が聞こえること。四肢の屈伸、挙手及び手指の運動が可能であること。

・**技能試験**／免許の種類によって試験内容が異なる。70％以上の得点（減点方式で、30点減点で失格）。鳥獣判別、猟具の取り扱い、目測の試験がある。第一種銃猟免許の場合、散弾銃の取扱い、団体行動時の取扱い、休憩時の取扱い、エアライフル銃の取扱いなどが含まれる。

3. 猟具の所持について

■猟銃を所持するための手続き

①**猟銃等講習会**／公安委員会が開く「猟銃等講習会」を受講。申請には申込書、手数料6800円、写真が必要。講習後の考査に合格すると講習修了証明書が交付される（空気銃は⑤へ）。

②**教習射撃受講申請**／散弾銃とライフルは、講習修了証明書、教習資格認定申請書等の必要書類と、写真2枚、手数料8900円を生活安全課に提出。資格審査を経て、教習資格認定証を受ける。

③**猟銃用火薬類等譲受許可申請**／教習射撃で使用する散弾実包購入許可を申請する。手数料は2400円。

④**射撃教習・考査**／②の認定証を受けたら、3カ月以内に射撃の教習を受講。費用は約3万円と、練習と検定を実施。安全な銃器の扱いができ、規定数標的に命中すれば、教習修了証明書が交付される（練習なしの技能検定もある）。

⑤**猟銃の仮押さえ**／所持する猟銃を決めて仮押さえ。銃砲店や（個人から譲り受ける場合は持ち主）から「譲渡等承諾書」をもらう。合わせてガンロッカーと銃弾ロッカーも購入する。

⑥**鉄砲所持許可申請**／生活安全課へ譲渡承諾書など必要書類と手数料1万500円を添えて提出。

⑦**所持資格調査**／警察官が猟銃とガンロッカーの設置場所を確認する訪問調査と、親族や近隣住民の身辺調査を実施。問題なければ所持許可が下りる。

⑧**猟銃受取り・確認**／生活安全課から所持許可証（仮）を受け取り、仮押さえしていた猟銃を引き取る。14日以内に猟銃を持参して生活安全課で、「猟銃・空気銃所持許可証」を完成させ、正式に所持許可を得る。

猟銃・空気銃所持許可の申請手続き
（初めて所持する場合）

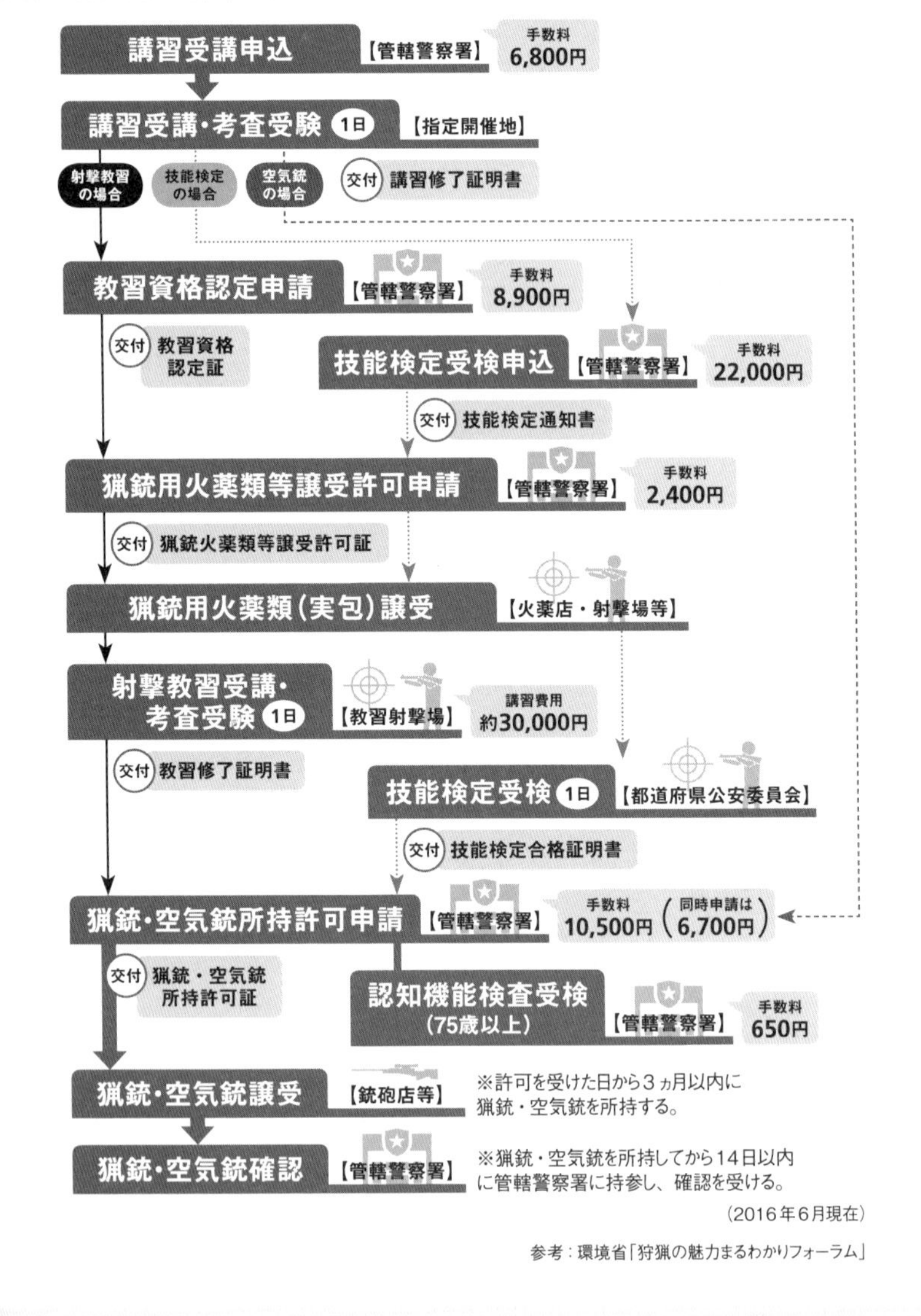

（2016年6月現在）

参考：環境省「狩猟の魅力まるわかりフォーラム」

4. 狩猟者登録について

狩猟をするには、出猟したい都道府県ごとに「狩猟者登録」を行い、狩猟税を納める必要がある。

狩猟は危険を伴う行為なので、3000万円以上の共済または損害賠償保険に加入するか、それと同等の賠償能力を証明することが必要となる。

狩猟者登録をすると、「狩猟者登録証」、「狩猟者記章（狩猟者バッジ）」、「鳥獣保護区等位置図（ハンターマップ）」等が配布される。

狩猟者登録は個人でも可能だが、猟友会の登録代行システムを利用すると、手続きがスムーズになる。

■狩猟者登録に必要なもの

①狩猟者登録申請書
②狩猟免許
③損害賠償能力（3000万円以上）を証明するもの
④写真2枚
⑤登録手数料　手数料1800円、第一種銃猟1万6500円（県民税の所得割の納付を要しない者1万1000円）、第二種銃猟5500円、罠・網猟の場合8200円（県民税の所得割の納付を要しない者5500円）。手数料や狩猟税の納付は、登録する都道府県ごとに必要。

5. 経費はどのくらい必要か？

以上の経過を踏まえて、狩猟免許を取得し、猟銃や罠の所持許可証を得て、ハンター保険等に加入して狩猟者登録を行った上で出猟するには、諸手続きに必要な経費（猟具の購入を除く）の目安は、猟銃の場合は約11万円、罠や網猟の場合は約4万円。自治体によっても状況や金額は異なるので、よく調べてから準備を進めよう。

狩猟を始めるまでの主な経費
(猟具の購入等を除く)

■狩猟免許申請手数料

免許1種類につき　5,200円

(既に他の種類の狩猟免許を有している場合は3,900円)

■猟銃・空気銃所持許可取得手数料

猟銃　・射撃教習を受講する場合　約58,600円(注1)(注2)

・技能検定を受検する場合　約41,700円(注1)

空気銃　・約17,300円(注1)

■狩猟者登録手数料・狩猟税

手数料　1,800円

狩猟税　・第一種銃猟　16,500円

(県民税の所得割の納付を要しない場合は11,000円)

・第二種銃猟　5,500円

・罠・網猟の場合　8,200円

(県民税の所得割の納付を要しない場合は5,500円)

■その他

ハンター保険加入料(共済・損害賠償保険等)、

認知機能検査(満75歳以上)手数料など

(注1)認知機能検査(満75歳以上)の手数料を含まない。

(注2)射撃教習の教習費用を含む。

※ここに掲載した手数料の金額は、あくまでも一例です。お住まいの都道府県によって異なる場合があるため、各自でご確認ください(2016年6月現在)。

参考:環境省「狩猟の魅力まるわかりフォーラム」

狩猟者記章は登録した
都道府県ごとに発行される。

狩猟の種類と方法

野生鳥獣を捕獲するには、いくつかの方法がある。罠、網、猟銃などの猟具を用いた具体的な捕獲方法と、それぞれの特性について紹介しよう。

罠猟

①くくり罠

野生獣の通り道に設置し、ワイヤーなどで輪を作り、その輪に足が入ると足を絡めて捕獲する。メーカーが製造する既製品も出回っているが、自ら仕掛けを工夫して手作りしている人も多い。

罠を設置したら、毎日見回ることと、設置場所に持ち主と連絡先を明記することが必要となる。

罠猟の達人・足立善徳さん自作の「くくり罠」。獲物が輪っかの中の板を踏み抜くと、瞬時に脚を絡め取る。

鍔がなく刃渡の長い、止め刺し用ナイフ（足立さん所有）

②箱罠

金網や板、鉄板などで囲われた箱状の罠。中に餌を入れて対象動物を誘導し、餌を食べようと中に入ったところで扉を落とし、箱内に閉じ込める。重量が重く移動が不便なので、山奥や傾斜地よりも、猟銃を発砲できない民家や田畑の近くに設置して、ハクビシンやアライグマ、シカ、イノシシ、クマなどの捕獲に適している。

③囲い罠

大型の箱罠で天井部がないもの。一度設置したら移動は困難なため、常設して用いられることが多い。北海道では大型の囲い罠でエゾシカを捕獲し、餌を与え育てる「養鹿」が行われている。

網猟

鳥獣保護法では猟具として、以下の4種の網猟が認められている。

①むそう網

獲物が餌や囮（おとり）などに誘われて地面に降りた時、伏せておいた網を離れた場所からロープで操作することにより捕獲する。

②はり網

地面に伏せず、空中などに網を張っておいて鳥獣を捕獲する。ノウサギ、ユキウサギなどにも用いる。

③つき網

長い柄のついた網。魚を捕らえるタモ網に形状が似ている。隠れている鳥に突き出し、かぶせて捕獲する。

④なげ網

柄のついた網を飛んでくる鳥に向かって投げる猟法。鳥がかかると衝撃によって網が変形し、袋状になって捕獲する。

銃猟

①巻き狩り

主にイノシシやシカなど大型動物が対象。全体を統括する司令塔と、猟銃を手に持ち場で待機する「タツマ」、犬を使って持ち場に向かって獲物を追い立てる「勢子（せこ）」によって構成される。

巻き狩り前に「見切り」を行う羽田健志さん。獲物の足跡から行動を読み取る。

また場所によって、山側から谷へ獲物を追い込む方法と、谷側から山へ獲物を追い込む方法の2通りがある（164ページの図を参照）。

かつては猟師が相互に掛け声や、空薬莢の笛などで合図を送り合っていたが、近年は無線や発信機を装着した犬の動きを察知するGPSなどを頼りに、猟を行っている。

新人猟師の池戸浩気さん（山梨県猟友会青年部）はタツマ担当。持ち場につき、獲物を待ち受ける。

②流し猟

低速で車を走らせながら、獲物を捜索。発見したら、獲物に警戒されないように停車し、捕獲する。北海道のエゾシカ猟などで見られる方法である。

③忍び猟

狩猟者が単独で行う猟。静かに身を隠し、気配を消しながら獲物に接近して、射止める方法。雪があり、足跡を追跡しやすい地域では、狩猟者が単独で行うが、痕跡を発見しにくい場合は、犬を連れて行う場合もある。狩猟者はいかに獲物に気取られずに接近するかがカギとなる。

巻き狩りの配置と役割

巻き狩りに使用する散弾銃。

散弾銃の弾丸。発砲する直前に装填する。

鳥撃ちにはプレチャージ式の
空気銃（エアライフル）を使用。
写真は虎谷健さん所持の「FXサイクロン」。

銃身にスコープを装着して
精度を高める人も。

【参考サイト】

環境省　狩猟の魅力まるわかりフォーラム
https://www.env.go.jp/nature/choju/effort/effort8/

大日本猟友会
http://www.moriniikou.jp/index.php?itemid=39

【参考文献】

『日本人はなぜキツネにだまされなくなったのか』
内田節（講談社現代新書1918）2007

『相剋の森』　熊谷達也（集英社）2003

『シカ問題を考える　バランスを崩した自然の行方』
高槻成紀（ヤマケイ新書）2015

『山怪　山人が語る不思議な話』　田中康弘（山と渓谷社）2015

『動物のいのちを考える』　高槻成紀編著（朔北社）2015

『これから始める人のための狩猟の教科書』　東雲輝之（秀和システム）2016

『銃砲所持許可取得の要点』（一社）日本猟用資材工業会 2014

【取材協力】

冨山 普（アースデイマーケット）
鹿野正道（学校法人永和学園 日本調理技術専門学校）
武藤洋平（東和季の子工房）
加藤智樹（ラ・ギアンダ）
柳川瀬正夫（㈱丹波姫もみじ）
奥田政行（アル・ケッチァーノ）
茶間聡子（アル・ケッチァーノ）
目黒浩敬（ファットリア・アルフィオーレ）

＜敬称略＞

鳥獣被害額の多い都道府県（平成26年）

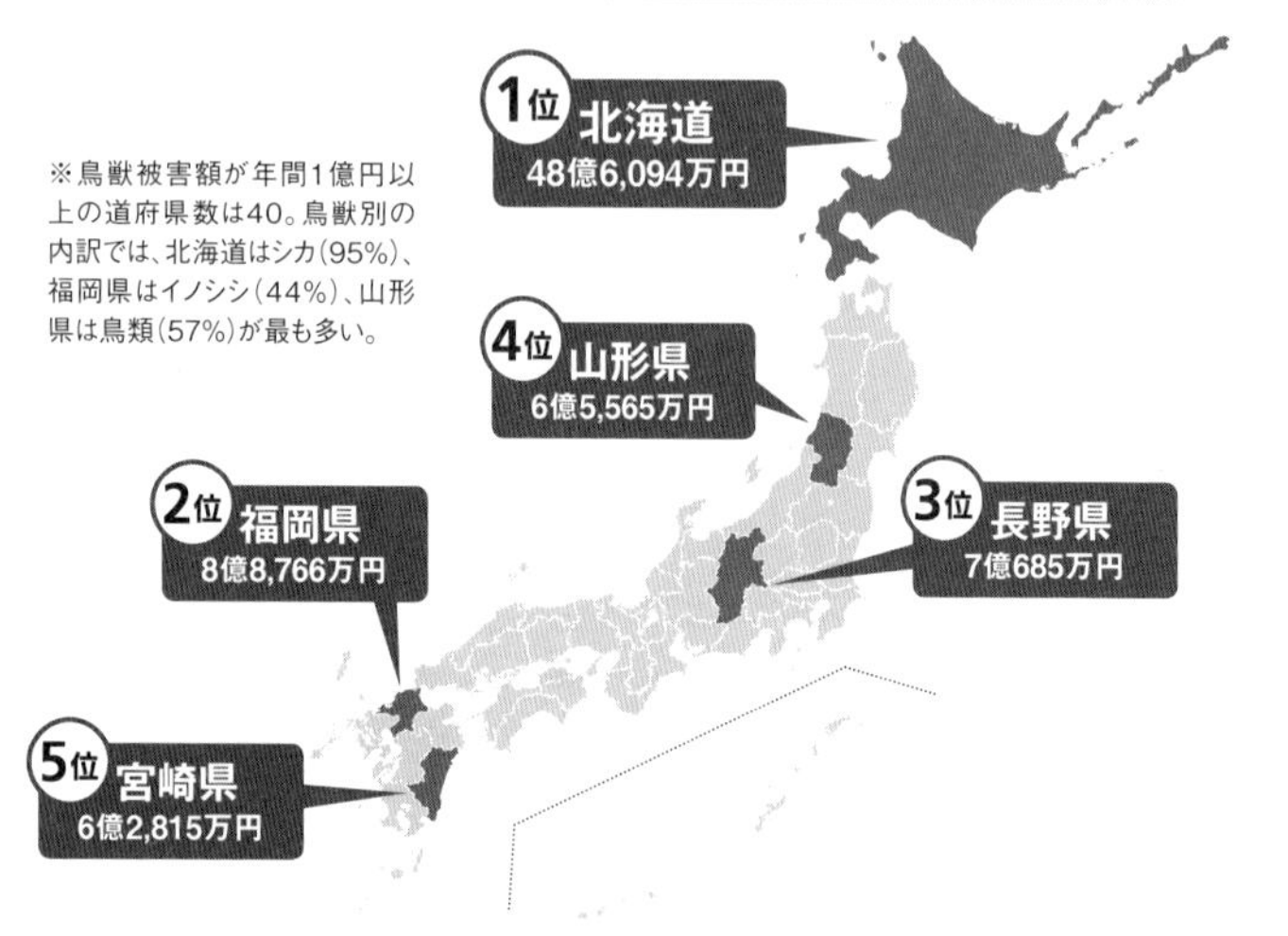

参考：農林水産省「野生鳥獣による都道府県別農作物被害状況」（平成26年度）

鳥獣被害対策実施隊を設置する市町村数の推移

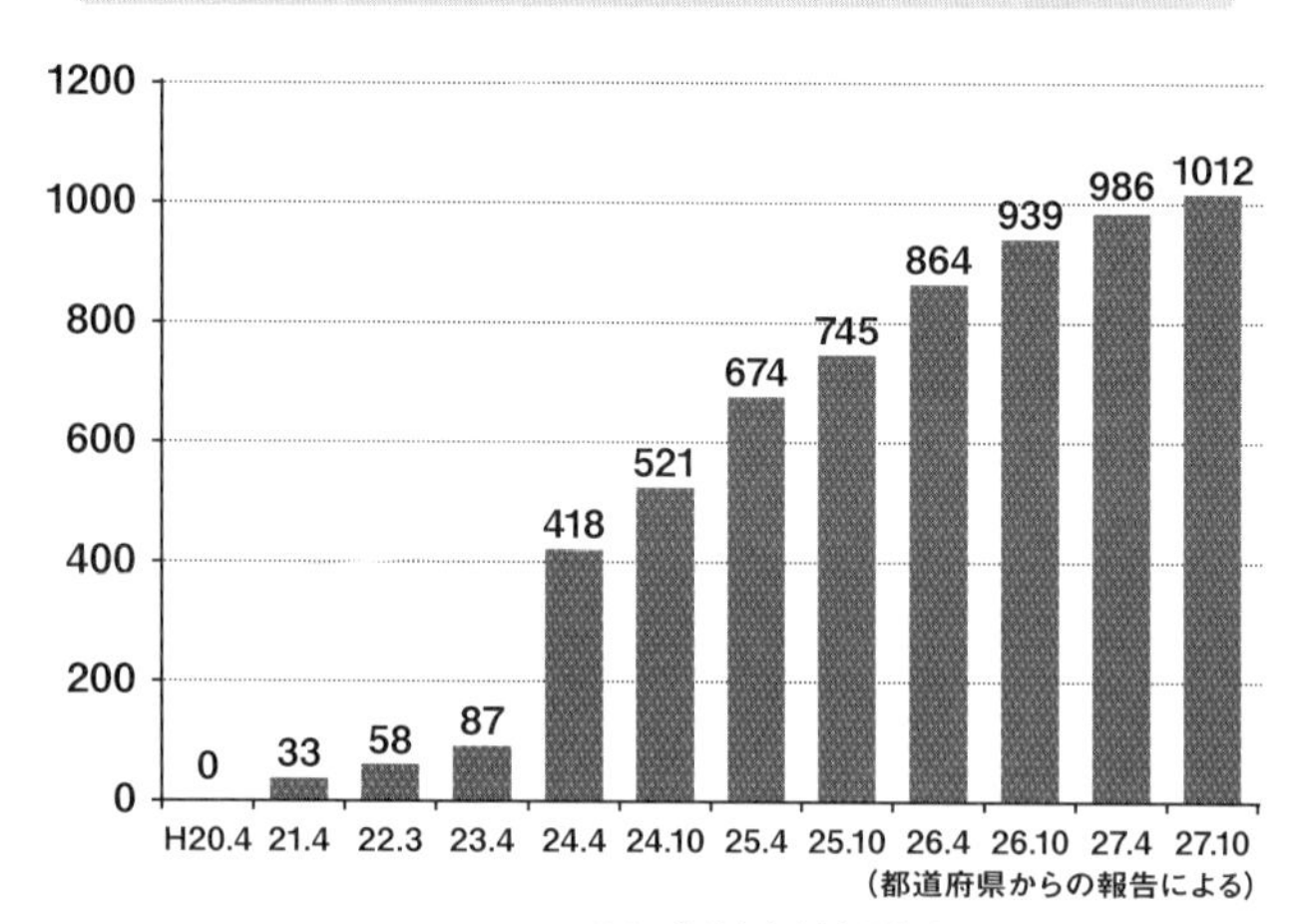

参考：農林水産省「鳥獣被害の現状と対策」（平成28年3月）

Column データで見る国内の狩猟事情②

鳥獣被害の現状と対策

全国の野生鳥獣による農作物への被害金額と、その内訳を下図に示しました。平成26年度の被害総額は191億3,400万円。このうち獣類のシカ、イノシシ、サルによる被害が全体の7割を占めています。また、特に被害額の大きい都道府県は、北海道、福岡県、長野県、山形県、宮崎県などでした。

一方、増大する鳥獣被害を食い止めるために、各自治体では様々な対策や支援措置がとられています。その担い手となる「鳥獣被害対策実施隊」を設置する市町村の数は、平成27年に1000を超えて急増しています。

野生鳥獣による農作物の被害金額と割合（平成26年）

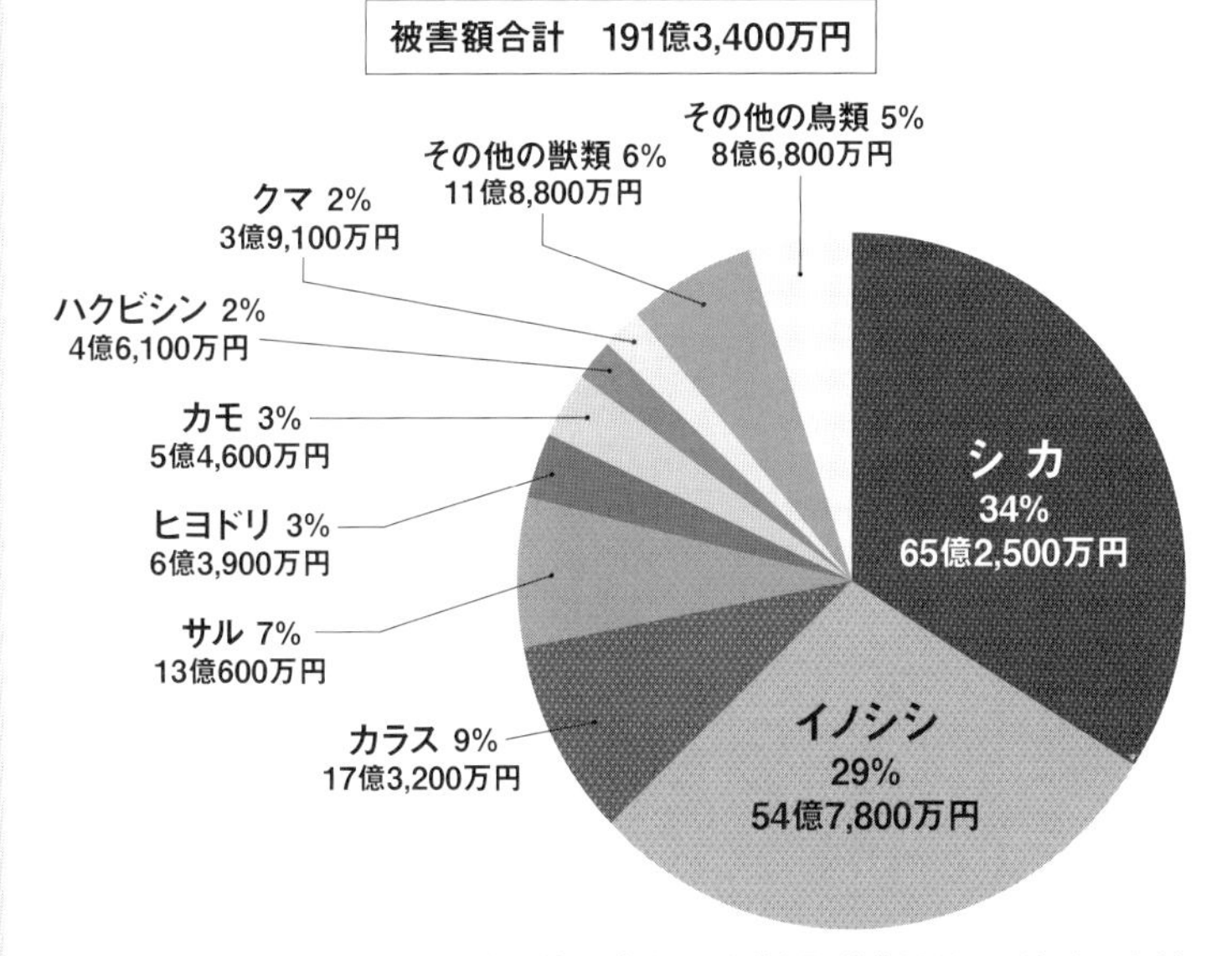

参考：農林水産省「野生鳥獣による都道府県別農作物被害状況」（平成26年度）

三好かやの　フリーライター。1965年宮城県生まれ。食材の世界を中心に「種からゴミまで」取材を展開。2011年3月の東日本大震災以降、被災地の生産者や、食に関わる人たちの取材に積極的に取り組んでいる。『私、農家になりました。』、『私、海の漁師になりました。』（共著・誠文堂新光社）、『東北のすごい生産者に会いに行く』（共著・柴田書店）等がある。

編集協力／戸村悦子　　カバー・本文デザイン／代々木デザイン事務所
写真提供／川瀬典子　岡本譲治　　図版／有留ハルカ

一人前になるワザをベテラン猟師が教えます！
私、山の猟師になりました。

2016年9月20日　発　行　　NDC787

著　者　三好かやの
発行者　小川雄一
発行所　株式会社 誠文堂新光社
〒113-0033　東京都文京区本郷3-3-11
（編集）電話 03-5800-3625
（販売）電話 03-5800-5780
http://www.seibundo-shinkosha.net/
印刷所　星野精版印刷株式会社
製本所　株式会社ブロケード

ISBN978-4-416-51619-5